Technische Thermodynamik

Vorlesungsbegleitendes Lehrbuch, 2016

Dampfturbinenrotor

Prof. Dr.-Ing. Jost Braun (Autor)
Hochschule Kempten

Technische Thermodynamik
Vorlesungsbegleitendes Lehrbuch, 2. und verbesserte Auflage 2016

Dieses Werk ist in Papierform oder in elektronischer Form erhältlich und urheberrechtlich geschützt. Die dadurch begründeten Rechte, insbesondere die der Übersetzung, des Nachdrucks, des Vortrags, der Entnahme von Abbildungen und Tabellen, der Funksendung, der Mikroverfilmung oder Vervielfältigung auf anderen Wegen und der Speicherung in Datenverarbeitungsanlagen, bleiben, auch bei nur auszugsweiser Verwertung, vorbehalten. Eine Vervielfältigung des Werkes oder von Teilen des Werkes ist nur innerhalb der Grenzen des Urheberrechtes zulässig. Es wird darauf hingewiesen, dass das deutsche Urheberrechtsgesetz in der jeweils gültigen Fassung uneingeschränkt auch für dieses Dokument in beiden Versionen gültig ist.

Herstellung und Verlag:
BoD - Books on Demand, Norderstedt
ISBN 978-3-7412-7258-5

Inhaltsverzeichnis

1	Einführung in die Thematik	7
	Was ist die Thermodynamik?	8
	Wie beschreibt man den „Wärmezustand"?	9
	Was ist ein thermodynamisches System und seine Umgebung?	10
	Wo finde ich, was ich in diesem Buch nicht finde?	11
2	Die Gleichgewichtspostulate und die Definition der Temperatur	13
	Systeme und Systemgrenze	18
	Zustandsgrößen eines Systems	19
3	Der 1. Hauptsatz der Thermodynamik (Erhaltung der Energie)	21
	Der Satz von der Erhaltung der Energie (etwa 1842 durch Robert J. Mayer)	21
	1. Hauptsatz für ein geschlossenes System	22
	1. Hauptsatz mit chemischen Reaktionen im geschlossenen System	25
	1. Hauptsatz für ein offenes System	29
	1. Hauptsatz mit chemischen Reaktionen im offenen System	32
4	Zustandsgleichungen und Zustandsgrößen	36
	Thermische Zustandsgleichung für ideale Gase	36
	Kalorische Zustandsgleichung der Inneren Energie	37
	Kalorische Zustandsgleichung der Enthalpie	38
	Die Volumenänderungsarbeit	41

5	Der 2. Hauptsatz der Thermodynamik	41
	Allgemeines	41
	Verbale Formulierung des 2. Hauptsatzes und Definition der Entropie	42
	Die Entropie als Zustandsgröße	43
	Beispiel für die Verwendung der Entropie und des 2. Hauptsatzes .	45
	Der 2. Hauptsatz, formuliert nur mit Zustandsgrößen	47
6	Zustandsänderungen von Systemen	49
	Reversible und irreversible Zustandsänderungen	49
	Irreversibilität realer Zustandsänderungen	58
	Zustandsdiagramme	58
	Wichtige Zustandsänderungen idealer Gase	59
7	Verhalten idealer Gase	70
	Definition idealer Gase	70
	Eigenschaft aller Zustandsgrößen	70
	Innere Energie und Enthalpie	71
	Entropiedifferenz zwischen zwei Zustandspunkten	72
	Gasgemische idealer Gase	74
	Berechnungsformeln	74
	Beispiel: Trockene Luft als Gasgemisch	81
8	Kreisprozesse	82
	Wärmekraftprozesse	83
	Energiebilanz von Kreisprozessen	87
	Thermischer Wirkungsgrad	87
	Kältemaschinenprozesse	88
	Leistungsziffer, Leistungszahl, Arbeitszahl	88
	Adiabat/reibungsbehaftete Zustandsänderungen	92
9	Spezielle Kreisprozesse	94

	Carnot-Prozess	94
	Jouleprozess (Gasturbinenprozess)	96
	Regenerativer Jouleprozess	98
	Joule-Reheatprozess	101
	Kombiprozess, GuD-Prozess	102
	Ottoprozess	104
	Dieselprozess	105
10	Kreisprozesse mit Dampf als Arbeitsmedium	106
	Thermodynamische Eigenschaften von Dampf	107
	Thermodynamisches Verhalten der unterkühlten Flüssigkeit	111
	Dampfkraftprozesse	112
	Kältemaschinenprozesse	117
11	Feuchte Luft	128
	Bezugsmenge spezifischer Größen ist nur die Masse der trockenen Luft	128
	Dampfdruck und relative Feuchte RH	129
	Enthalpie	131
	Innere Energie, Entropie und spezifisches Volumen	132
	Nullpunkte der Enthalpie, inneren Energie und der Entropie der Bestandteile	132
	Berechnung der Enthalpiewerte feuchter Luft aus der Temperatur t in °C	134
	Das Mollier h-x-Diagramm	136
	Zustandsänderungen feuchter Luft	137

Literaturverzeichnis   **149**

Vorwort

Dieses Buch ist ein Kompendium, das die Grundlagen der Technischen Thermodynamik speziell für Bachelorstudiengänge Maschinenbau sowie für verwandte technische Studiengänge wie Energietechnik, Verfahrenstechnik und Lebensmittel-Verpackungstechnologie in leicht verständlicher Form darstellt. Auf besondere Grundlagen wird nicht zurückgegriffen, lediglich Grundzüge der Differential- und Integralrechnung werden vorausgesetzt.

Konzipiert wurde es als vorlesungsbegleitendes Lehrbuch für den Studiengang Lebensmittel-Verpackungstechnologie der Hochschule Kempten und soll die Prüfungsvorbereitung erleichtern. Es kann aber auch Ingenieuren aller Fachrichtungen und Anwendern im Beruf, die nur gelegentlich mit thermodynamischen Fragestellungen konfrontiert werden, als Nachschlagewerk und zur schnellen Information dienen.

Nachdem es bewusst kurz gehalten ist und sich auf die wesentlichen Zusammenhänge konzentriert, wird es auch für Studierende anderer Hochschulen und Universitäten nützlich sein. Die wesentlichen Themengebiete, die an allen Hochschulen zu den Grundlagen zählen, werden äußerst kompakt abgedeckt, naturgemäß wurde deswegen auf bestimmte Details verzichtet. Es ersetzt daher auch nicht den Besuch einer Vorlesung, ebenso wenig wie es vollständiger Ersatz für weitergehende Fachliteratur sein kann.

Meiner Frau Kirsten danke ich sehr für das Korrekturlesen des Manuskriptes. Trotz großer Sorgfalt, möglichst alle Fehler zu entdecken und zu eliminieren, wäre es vermessen anzunehmen, dass sich kein Fehler mehr versteckt hat. Die Teilnehmer meiner Vorlesungen bitte ich um diesbezügliche Rückmeldung, wenn sie Fehler entdecken. Wenn Sie bei einer Formel einen Fehler vermuten, wäre meine Empfehlung allerdings, zunächst in der Literatur nachzuschlagen, denn erfahrungsgemäß lassen sich die meisten vermeintlichen Fehler schnell klären. Hierzu bitte ich darum, das Literaturverzeichnis am Ende zu beachten.

Zuletzt möchte ich noch Herrn Prof. Dr.-Ing. H. Beer danken, der mich in meiner Zeit als Assistent an der TU Darmstadt als Mentor und Doktorvater betreut hat und dem ich gerne dieses Buch widme.

Kempten, im September 2016

Prof. Dr.-Ing. Jost Braun

1 Einführung in die Thematik

In diesem Buch werden die wesentlichen Zusammenhänge der Technischen Thermodynamik aus den Grundlagen hergeleitet und anwendungsgerecht in leicht verständlicher Form dargestellt.

Ursprüngliches Ziel war es, die Inhalte der Technischen Thermodynamik für den Studiengang Lebensmittel-Verpackungstechnologie aufzubereiten und im Vergleich zum Allgemeinen Maschinenbau entsprechend in den Schwerpunkten modifiziert zu vermitteln. Insbesondere wurde der Tatsache Rechnung getragen, dass in diesem Studiengang die thermische Verfahrenstechnik bei der Lebensmittelbehandlung eine wichtige Rolle spielt. Es hat sich allerdings schnell herausgestellt, dass eine Reduktion auf das Wesentliche nicht nur für diesen Studiengang, sondern für alle technischen Studiengänge von Interesse ist, auch wenn damit bestimmte Themengebiete naturgemäß nicht genauso ausführlich dargestellt werden können, wie es eine jeweils leicht unterschiedliche Schwerpunktsetzung in den angesprochenen Studiengängen verlangt. Die Kunst des Weglassens war gefragt, daher werden manche Themen nur gestreift. Die Grundlagen sind jedoch überall gleich und genau dort starten wir die Betrachtungen.

Wir beginnen mit den grundlegenden Postulaten, die zwar offensichtlich aus der Beobachtung (oder dem „gesunden Menschenverstand") heraus aufgestellt, aber nicht beweisbar sind. Eine Beweisführung wäre ohnehin für den Anwender nicht erheblich, denn in der Praxis ist vor allem die zu den Beobachtungen („Experimenten") widerspruchsfreie mathematische Beschreibung bedeutsam. Wir können also nur sagen, *dass* etwas sich so verhält, aber normalerweise nicht, *warum* es sich so verhält. Ein schönes Beispiel hierfür ist die wichtige Zustandsgröße Temperatur, die durch das Gleichgewichtspostulat definiert wird. Dieses wird manchmal auch als 0. Hauptsatz der Thermodynamik bezeichnet.

Der nächste Schritt ist der 1. Hauptsatz der Thermodynamik, also der Satz von der Energieerhaltung. Er führt uns zum Begriff des thermodynamischen Systems, zu Bilanzierung, Bilanzgrenzen und zu den Zustandsgrößen innere Energie und Enthalpie.

Weiter geht es mit dem 2. Hauptsatz der Thermodynamik. Er definiert die Zustandsgröße Entropie. Mit ihrer Hilfe können wir Reversibilität und Irreversibilität von Zustandsänderungen und Prozessen beschreiben. Sie ist sehr wertvoll, um die Güte von Prozessen vergleichen zu können.

Auch das Verhalten der Materie muss in der praktischen Anwendung geeignet beschrieben werden. Dies geschieht über Zustandsgleichungen und -größen, wobei uns bei Prozessen auch Zustandsdiagramme, z.B. T-s und h-s Diagramm, hilfreich sind. Dabei ist wichtig, dass wir es nur selten mit Reinstoffen zu tun haben, so dass wir insbesondere das Verhalten von Gasgemischen idealer Gase, das Verhalten von Stoffen beim Phasenübergang flüssig - gasförmig (Sieden) bzw. gasförmig - flüssig (Kondensieren) und das Verhalten von Gas-Dampfgemischen in Form der feuchten Luft näher betrachten werden. Dabei werden auch die Phasenübergänge fest - flüssig (Schmelzen) und flüssig - fest (Gefrieren oder Erstarren) beschrieben.

Schließlich leiten wir technische Kenngrößen, z.B. die „Technische Arbeit", „Wirkungsgrade" und "Nutzungsgrade" her und beschreiben wichtige Kreisprozesse, besonders aus der Kälte- und Verfahrenstechnik.

Was ist die Thermodynamik?

Unter Thermodynamik versteht man eine allgemeine Energielehre. Die klassische Thermodynamik arbeitet nur mit makroskopischen, also in der Regel gemittelten Größen. Sie baut auf Erfahrungssätzen auf. Dagegen geht die statistische Thermodynamik vom atomistischen Aufbau der Materie aus und ermittelt den Zusammenhang zwischen dem Verhalten einzelner Teilchen und den makroskopischen Eigenschaften von Vielteilchensystemen.

Energie ist die grundsätzliche Fähigkeit Arbeit zu verrichten. Arbeit verrichten heißt, eine Kraft auszuüben *und* sie über eine bestimmte Wegstrecke zu verschieben. Die Thermodynamik lehrt, die unterschiedlichen Energieformen zu unterscheiden. Aus der Technischen Mechanik kennen wir die mechanischen Energieformen wie kinetische Energie, potentielle Energie und Federenergie, also alle Energieformen, die sich fast vollständig in Arbeit umwandeln lassen. In der Thermodynamik kommt zu diesen mechanischen Formen der Energie noch die Wärme und der innere Wärmezustand der Stoffe dazu, den wir mit dem Begriff „innere Energie" beschreiben werden. Zu dieser gehört auch die bei chemischen Reaktionen wie der Verbrennung (also bei Stoffumwandlungen) freigesetzte oder benötigte Reaktionsenergie.

Im Gegensatz zu den mechanischen Energieformen lassen sich Wärme und innere Energie aber prinzipiell nicht vollständig in Arbeit umwandeln. Aufgabe der Thermodynamik ist es daher, die Bedingungen zur Umwandlung klar zu definieren. Der 1. Hauptsatz der Thermodynamik beschreibt die Gleichwertigkeit der unterschiedlichen Energieformen bei Energiebilanzen. Der 2. Hauptsatz der Thermodynamik klärt die Bedingungen und Grenzen der Umwandlung verschiedener Energieformen ineinander bei natürlichen Vorgängen und bei technischen Prozessen. Zu diesem Zweck müssen wir auch das Verhalten der Stoffe geeignet beschreiben können.

Wie beschreibt man den „Wärmezustand"?

Als Zustandsgrößen bezeichnet man physikalische Eigenschaften von Körpern und Stoffen, die geeignet sind den Zustand und das Verhalten der Materie eindeutig festzulegen. Beispiele sind Druck, Dichte und Temperatur. Zustandsgrößen müssen auch den Wärmezustand von Körpern eindeutig festlegen, sonst sind sie für unsere Zwecke ungeeignet. Wir werden sehen, dass bei geeigneter Wahl genau zwei voneinander unabhängige Zustandsgrößen den thermodynamischen Zustand eines Körpers eindeutig bestimmen. Ändert sich der Wärmezustand eines Körpers, muss sich folglich mindestens eine Zustandsgröße ändern, in der Regel sind es aber mehrere oder sogar alle.

Die drei genannten Größen reichen aber nicht aus, den Wärmezustand eindeutig festzulegen, insbesondere ist die Temperatur wider Erwarten nicht alleine dazu geeignet. Gerade siedendes Wasser bei 100°C und der dabei entstehende Wasserdampf haben beispielsweise die gleiche Temperatur und den gleichen Druck aber einen deutlich unterschiedlichen inneren Wärmezustand. Folglich benötigen wir weitere Zustandsgrößen, z.B. „innere Energie", „Enthalpie" und „Entropie", um diesen Zustand genau zu beschreiben.

Auch wenn uns auf den ersten Blick die Zustandsgrößen Druck, Temperatur und Dichte (bzw. deren Kehrwert, das spezifische Volumen) sehr vertraut sind, muss man sich doch vergegenwärtigen, dass diese Vertrautheit einzig und allein dem Umstand zu verdanken ist, dass wir Sinnesorgane besitzen, die diese Größen scheinbar „messen" können. Wir können innerhalb gewisser Grenzen zwischen „heiß" und „kalt" unterscheiden und verbinden dies mit Temperatur. Allerdings bricht das scheinbare Verständnis der Temperatur sofort in sich zusammen, wenn man in der Sauna ein 80°C heißes Metallstück anfasst oder sich auf die genau gleich heiße Holzbank setzt. Dass alle Objekte in der Sauna, die über keinen Kühlmechanismus wie der Mensch verfügen, die gleiche Temperatur haben *müssen*, ergibt sich aus der Definition der Temperatur. Beim Metall kann man sich heftig die Finger verbrennen, beim Holz passiert gar nichts, trotz gleicher Temperatur ist die Auswirkung unterschiedlich. Letztlich ist der Begriff „Temperatur" genauso gut oder schlecht begreifbar wie die Entropie. Beide definieren sich durch ihre Eigenschaften, beide werden unabhängig vom betrachteten Material beschrieben und sie beeinflussen sich gegenseitig.

Die Entropie stellt eine Art „Schadensmaßstab" dar. Mit ihrer Hilfe kann man beurteilen, wie „schlimm" die unwiderruflichen Auswirkungen von Prozessen in Bezug auf die Umgebung oder Umwelt sind. Dazu bilanziert man die Entropieänderung aller an einem Vorgang beteiligten Körper, wobei die Gesamtsumme der Entropieänderungen immer größer als null ist. Je geringer dieser Zuwachs ist, desto weniger schädlich ist der Vorgang. Beim Berühren von heißem Metall in der Sauna ist der Gesamtzuwachs an Entropie pro Zeiteinheit groß, beim Berühren von heißem Holz dagegen recht klein. Die Vorstellung, die Entropie sei ein Schadensmaß funktioniert also auch im Saunabeispiel. Was wir tatsächlich fühlen, hat weniger mit der Temperatur zu tun, sondern mit dem Entropiestrom vom Metall in den Körper, der durch den höheren Wärmestrom beim Metall verursacht wird.

Über die Entropie wird ein thermodynamisches System unmittelbar mit seiner Umgebung verbunden, mit der es in irgendeiner Weise im Wärmeaustausch steht, denn die Entropieänderungen von System und Umgebung sind nicht voneinander unabhängig. Dies unterscheidet sie von den anderen Zustandsgrößen. Zusätzlich berücksichtigt die Entropie aber auch auch die Auswirkung der mechanischen (auch strömungsmechanischen) Reibung im System selbst.

Was ist ein thermodynamisches System und seine Umgebung?

Als ein thermodynamisches System bezeichnen wir ein grundsätzlich frei wählbares Raumgebiet, das eine zusammenhängende Oberfläche besitzt, die es vom Rest des Universums abgrenzt. Innerhalb des Raumgebietes befindet sich beliebig viel oder wenig Materie, die auch beliebiger Art sein darf. Alles was sich außerhalb der Grenze des Raumgebietes befindet, nennen wir die Umgebung des Systems. Die Umgebung schließt alles ein, was sich auch nur möglicherweise an einem Energie- oder Materieaustausch mit dem System beteiligen könnte. Die Grenze des betrachteten Raumgebietes heißt Systemgrenze.

Die Systemgrenze ist wie gesagt frei wählbar, einzige Bedingung ist, dass sie zusammenhängt, d.h., wenn man gedacht einen Stift an einem beliebigen Punkt der Systemgrenze ansetzt, muss man ohne den Stift abzusetzen, jeden anderen Punkt der Grenze erreichen können. Löcher im Inneren („Schweizerkäse") sind damit zunächst genauso ausgeschlossen wie getrennte Raumgebiete. Allerdings kann man sowohl Löcher im Inneren als auch zwei getrennte Raumgebiete durch einen gedachten, unendlich dünnen „Schlauch" verbinden, der selbst keine Materie enthält, so dass die Oberflächen verbunden sind. Das Innere eines Loches wird damit automatisch zur Umgebung dazugezählt, zwei getrennte Systeme (Raumgebiete) werden zu einem einzigen System.

Der Systemgedanke zieht sich wie ein Roter Faden durch die Thermodynamik. Es wird sich herausstellen, dass durch geschickte Wahl der Systemgrenze manches scheinbar komplizierte System recht einfach berechenbar wird. In vielen Fällen müssen sogar nur die Vorgänge an der Systemgrenze beschrieben werden, während die Vorgänge im System selbst ausgeblendet werden, also gar nicht bekannt sein müssen („black box").

Wo finde ich, was ich in diesem Buch nicht finde?

Das vorliegende Buch soll nur die wichtigsten Grundlagen der Themodynamik in möglichst kompakter Form darstellen. Naturgemäß werden dadurch einige Themengebiete nur am Rande, andere gar nicht behandelt. Die folgende Liste soll Ihnen Hinweise auf weiterführende Literatur geben, wenn Sie mehr wissen wollen oder sollen. Wenn Sie unter den angegebenen Stichworten (z.B. Wärme- und Stoffübertragung) suchen, finden Sie natürlich jeweils eine ganze Reihe von Büchern anderer Autoren, die Ihnen genauso weiterhelfen werden. Die folgende Liste ist also nur eine kleine Auswahl.

Allgemeine Thermodynamik Hier gibt es eine ganze Reihe von Büchern, die tiefer in die Materie eintauchen. Allen voran und stellvertretend möchte ich hier die sogenannte „Bibel" der Thermodynamik von H. D. Baehr [Baehr und Kabelac, 2012] erwähnen. In diesem Buch findet sich sicher alles, was man im Ingenieursberuf wissen muss.

Wärme- und Stoffübertragung Die Wärme- und Stoffübertragung wird in diesem Buch gar nicht behandelt. Auch für diese Thematik gibt es ein Grundlagenwerk von H. D. Baehr und K. Stephan, das die Thematik vollständig abdeckt, [Baehr und Stephan, 2010].

Strömungsmechanik Zu dem eng mit der Thermodynamik und der Wärmeübertragung verwandten Gebiet der Strömungsmechanik gibt es vom Autor dieses Buches ein weiteres Lehrbuch [Braun, 2014].

Stoffwerttabellen, Wärmeübertragungsgleichungen Aus urheberrechtlichen Gründen sind in diesem Buch keine Stoffwerttabellen wiedergegeben. Hier verweise ich auf die mit Abstand ausführlichste und immer aktuell gehaltene Quelle, den VDI-Wärmeatlas [VDI-GVC (Hrsg.), 2013], der in deutscher und englischer Sprache (VDI Heat Atlas) erscheint. Hier finden sich ebenfalls die wichtigsten empirischen Beziehungen zur Berechnung von Wärmeübergangszahlen aus den dimensionslosen Kenngrößen („Nusseltbeziehungen"). Auch im Lehrbuch von H. D. Baehr [Baehr und Kabelac, 2012] findet sich eine Auswahl der wichtigsten Tabellen.

Dampftafeln (Wasser), maßstäbliche Diagramme Für diese Daten finden Sie im Lehrbuch von H. D. Baehr [Baehr und Kabelac, 2012] ebenfalls Tabellen. Sehr verlässliche Quelle ist weiterhin der VDI-Wärmeatlas [VDI-GVC (Hrsg.), 2013]. In einigen anderen Lehrbüchern, z.B. K. Langeheinecke [Langeheinecke (Hrsg.), 2006], wird auch ein maßstäbliches Mollier h,s-Diagramm von Wasserdampf mitgeliefert. Letzteres kann man sich auch über den Buchhandel beschaffen, z.B. von Schmidt und Grigull [Schmidt (Hrsg.), Grigull (Hrsg.) 1979]. Maßstäbliche h,s-Diagramme von Wasser und $\log p, h$ Diagramme von Kältemitteln kann man sich bei Eingabe des entsprechenden Begriffes und des Kältemittel-Kürzels (z.B. R134a) auch aus dem Internet bei entsprechender Freigabe für den eigenen Gebrauch herunterladen. Dies gilt auch für Mollier h,x-Diagramme der feuchten Luft, sogar bei unterschiedlichen Drücken.

Übersichtswerk Maschinenbau Ein brandneues Lehrbuch, das alle Grundlagenlehrgebiete eines klassischen Maschinenbaustudiums in einem Band abdeckt, erscheint 2014 im Springer-Verlag [Skolaut (Hrsg.), 2014]. Auch der Autor dieses Buches hat zu diesem Lehrbuch ein Kapitel, die Strömungsmechanik, beigetragen. Insgesamt 20 Professoren aus ganz Deutschland, von Hannover über Dresden bis Kempten, von Aachen über Karlsruhe und Stuttgart bis München, haben die Themengebiete Technische Mechanik, Technische Thermodynamik, Strömungsmechanik, Werkstoffkunde, Maschinenelemente, Fertigungstechnik bis hin zur Elektrotechnik und Regelungstechnik in einem Lehrbuch zusammengefasst.

2 Die Gleichgewichtspostulate und die Definition der Temperatur

Erstes Gleichgewichtspostulat

Werden zwei Körper verschiedener Wärmezustände miteinander in Berührung gebracht (Abb. 2.1), so ändern sich ihre Zustände so lange, bis ein Wärmegleichgewicht eintritt, wenn das Gesamtgebilde aus beiden Körpern nach außen, also zur „Umgebung" hin, wärmeisoliert ist. Danach ist dieses Gesamtgebilde (das „System") „von selbst", also ohne äußeren Eingriff, zu keiner weiteren Änderung mehr fähig.

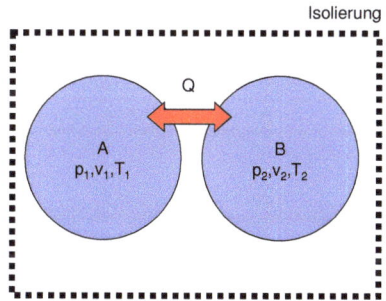

Abbildung 2.1 Wärmeaustausch zweier Körper.

Begriff der Temperatur

Wenn zwei Körper im Wärmegleichgewicht sind, d.h. wenn sie miteinander keine Wärme mehr austauschen, haben sie die gleiche Temperatur (Abb. 2.2).

Dies ist die grundlegende Definition der Temperatur und gleichzeitig Grundlage der Temperaturmessung. Das Temperaturmessgerät und der zu messende Körper müssen dazu nur lange genug in Berührung sein, bis sie keine Wärme mehr austauschen (Abb. 2.3). Die Definition der Temperatur ist vollständig vom Material der betrachteten Körper oder Temperaturmessgeräte unabhängig!

Die Temperaturdefinition erlaubt es, die Wärmezustände aller Körper miteinander zu vergleichen und eine Reihenfolge zu definieren. Es ist nur wichtig, dass die

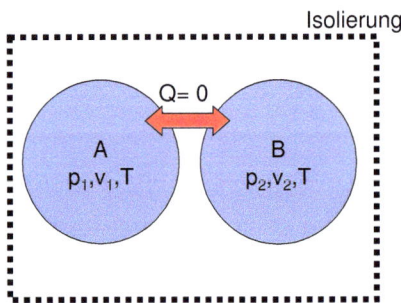

Abbildung 2.2 Wärmegleichgewicht: Die Temperatur ist gleich.

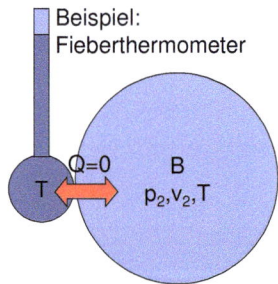

Abbildung 2.3 Wärmegleichgewicht: Grundlage der Temperaturmessung.

*Wärmezustände zweier Körper mit Hilfe der Temperatur jeweils in **kleiner, größer oder gleich** eingeteilt werden können, um diese Reihenfolge aller Körper zu bilden. Eine Temperaturskala ist hierzu zwar grundsätzlich nicht erforderlich, aber in der Praxis natürlich sehr hilfreich.*

Eine Skaleneinteilung der Temperatur zu definieren ist also nicht unbedingt notwendig, aber in der Anwendung des Begriffes Temperatur viel einfacher. Oder wäre es Ihnen lieber, man würde anstelle von „die Temperatur des Objektes ist 30°C" sagen „das betrachtete Objekt ist in der Liste aller bekannten Objekte des Universums auf Platz 397451761379289001 (von unten)"?

Temperaturskala nach Celsius Bei der Einheitendefinition der Temperatur wird folgende Beobachtung genutzt: Körper nehmen unter unterschiedlichen Temperaturen unterschiedliche Volumina ein. Dieses Verhalten wird bei der Temperaturskala nach Celsius verwendet. Eine feste Quecksilbermenge wird ins Wärmegleichgewicht mit gerade gefrierendem Wasser gebracht. An einer Kapillare wird das Volumen mit der 0°C Marke markiert (Abb. 2.4 a). Danach wird die gleiche Quecksilbermenge ins Wärmegleichgewicht mit gerade siedendem Wasser gebracht. An der Kapillare wird das Volumen mit der 100°C Marke markiert (Abb. 2.4 b). Dazwischen

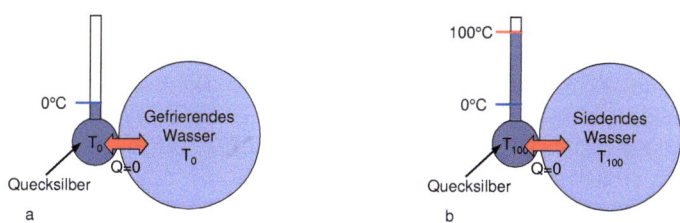

Abbildung 2.4 Temperaturskala nach Celsius: (a) Gefrierendes Wasser (0°C), (b) Siedendes Wasser (100°C).

wird die Skala der Längenausdehnung des Quecksilberfadens in genau 100 gleich lange Teile eingeteilt. Hinter der Celsiusskala steckt also das (nur deswegen lineare) Ausdehnungsverhalten von Quecksilber und das Phasenänderungsverhalten von Wasser. Diese Einheitendefinition für die Temperatur ist zwar recht willkürlich, weil sie die Stoffeigenschaften zweier bestimmter Stoffe verwendet, aber nicht besser oder schlechter als andere. Man muss aber schon nachdenken, wenn man diese Definition von 1 K Temperaturdifferenz auf Temperaturen extrapolieren will, bei denen Quecksilber nicht mehr flüssig wäre, oder wenn man sich vorstellt, dass die Temperaturskala nach Celsius voraussetzt, dass das siedende Wasser unter einem ganz bestimmten Druck stehen muss (1.013 bar), damit die 100°C-Marke immer an der selben Stelle steht.

Mit dem Energiegehalt hat diese Definition offensichtlich nichts zu tun, der Skalenwert dient nur zur Bildung einer Reihenfolge beim Vergleich des Wärmezustandes zweier Körper: 10°C ist zwar kleiner als 11°C, eine feste Energiedifferenz ist damit aber nicht verbunden, diese hängt nämlich stark vom Material des betrachteten

Objektes ab, während die Temperatur definitionsgemäß materialunabhängig ist.

Verwendet man an Stelle von Quecksilber eine andere Flüssigkeit, z.B. Alkohol, muss man das unterschiedliche Ausdehnungsverhalten dieser Flüssigkeit auf der Skala durch unterschiedliche Abstände berücksichtigen. Bei Alkoholthermometern ist die Skala daher nicht mehr exakt linear. Die grundlegende Definition der Temperatur wird dadurch aber nicht geändert, beide Messgeräte müssen beim gleichen Objekt die gleiche Temperatur anzeigen (Eichung).

Nach SI-Standard wird 1 K Temperaturdifferenz heute unabhängig von Quecksilber definiert und es wird nur noch der Reinstoff Wasser ins Spiel gebracht:

Das Kelvin als Einheit der thermodynamischen Temperatur ist der 273,16-te Teil der thermodynamischen Temperatur des Tripelpunktes des Wassers. Dieser liegt bei 0,01° C, so dass 0° C genau 273,15 K entspricht.

Auch bei dieser Definition muss man bei der Extrapolation auf hohe Temperaturen wieder definieren, welche Energiedifferenz 1 K bedeutet. Man verwendet hier die Eigenschaften bestimmter idealer Gase, unter sehr genau definierten Bedingungen bei doppelter Temperatur auch die doppelte Energie zu besitzen. Leider gilt das dann aber auch wieder nur für diese Gase, andere Stoffe haben nicht bei doppelter Temperatur einfach doppelte Energie. Wir wollen das hier nicht weiter vertiefen, aber Sie merken schon: Auch die Temperatur ist nur auf den ersten Blick einfach zu definieren. Je mehr man über sie nachdenkt, desto weniger anschaulich wird sie. Es ist als wenn man ein Stück nasse Seife packen will.

Absolute thermodynamische Temperatur In der Thermodynamik verwendet man fast immer die absolute thermodynamische Temperatur (Kelvinskala). Deren Nullpunkt liegt am am theoretisch niedrigsten Energieniveau (keine Energie). Ein Grad dieser Skala wurde ursprünglich auf Basis der Celsiusskala definiert, so dass sich beide Skalen nach heutiger Definition nur durch einen additiven Wert unterscheiden:

$$t[°C] = T[K] - 273,15$$

Merke: Auch die Einheit der Celsius-Skala ist das Kelvin!

Celsiusskala Grad Celsius ist daher auch keine eigene physikalische Einheit, sondern stellt eine um einen festen Betrag verschobene Skala dar. Eine Temperaturangabe in Celsius ist eine Temperaturdifferenz zum Nullpunkt dieser verschobenen Skala, also

$$t°C = t°C - 0°C,$$

denn schließlich darf man null nach Belieben abziehen, ohne das Ergebnis zu ändern (t und T sind in dieser Betrachtung einheitenfreie Zahlen). Sowohl den

Wert $t\,^\circ C$ als auch den Wert $0\,^\circ C$ darf man jetzt durch die Nullpunktsverschiebung (siehe oben) auf die Kelvinskala umrechnen:

$$t\,^\circ C = t\,^\circ C - 0\,^\circ C = (t + 273,15)K - (0 + 273,15)K = (t - 0)K = tK$$

Die Angabe Grad Celsius stellt also eine Temperatur*differenz* in K zum Nullpunkt der Celsiusskala ($0\,^\circ C$ = $273,15 K$) dar!

Kelvinskala Die Kelvinskala extrapoliert die lineare Aufteilung zwischen dem Tripelpunkt von Wasser und dem absoluten Nullpunkt auf größere Temperaturen. Daher ergibt sich in diesem Temperaturbereich für alle Stoffe eine unterschiedliche Differenz der Energiemenge zur Temperaturänderung um 1 K. Trotz dieser Willkür bei der Definition der Temperaturskala bleibt die grundsätzliche Eigenschaft aus der Temperaturdefinition aber auf der ganzen Skala und für alle Stoffe erhalten:

Zwei Körper, die miteinander keine Wärme (mehr) austauschen, haben die gleiche Temperatur, unabhängig davon ob der aktuelle Wert der Temperatur 10 K oder 10 000 000 000 K ist.

Physikalische Einheiten

Auch andere physikalische Einheiten wurden meist aus zunächst willkürlichen Definitionen abgeleitet, so dass eine dem Menschen geläufige Größenordnung der Einheit und der Zahlenwerte entstand.

Siedendes und gefrierendes Wasser sind dem Menschen bekannte Phänomene. Die Temperaturskala darauf anzupassen dient daher der Anschauung und deckt sich mit der Erfahrung.

Andere Beispiele:

- Der Meter war ursprünglich eine gute Armlänge, wurde dann aber genauer definiert als 1/10 000 000 des Abstandes des Äquators vom Nordpol auf dem Nullmeridian von Greenwich (deswegen hat die Erde über die Pole gemessen fast genau 40000 km Umfang).
- Die Sekunde ist etwa die Zeit, in der man eine zweistellige Zahl sagen kann. Sie basiert auf dem Zwölfersystem und der Zeit zwischen Mittag und Mittag (Sonnenhöchststand) 1s = 1 Tag / 2 Duzend / 5 Duzend / 5 Duzend. Der Mensch empfindet den Zeitraum von 1 - 2 s um das Jetzt herum als Gegenwart.
- Das Kilogramm ist die Masse von 1 L Wasser ($20\,^\circ C$). Wieviele Liter Flüssigkeit trinken Sie am Tag?

Zweites Gleichgewichtspostulat

Ist ein Körper A im Wärmegleichgewicht mit einem Körper B und ist er gleichzeitig auch im Gleichgewicht mit einem dritten Körper C, so sind auch die Körper B und

C im Wärmegleichgewicht, d.h. sie haben alle die gleiche Temperatur T (Abb. 2.5).

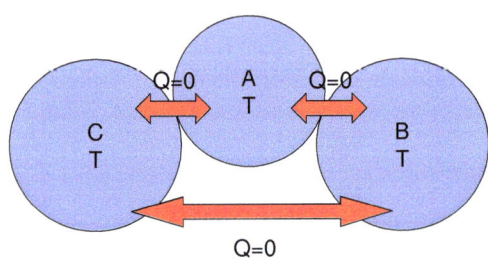

Abbildung 2.5 Wärmegleichgewicht: Grundlage der indirekten Temperaturmessung.

Das klingt zwar banal, ist aber nicht selbstverständlich, es ist ein Erfahrungssatz.

Man kann daher schließen, und zwar auch ohne die Körper B und C direkt zusammenzubringen, dass auch die Körper B und C keine Wärme austauschen *würden*, wenn man sie in Kontakt bringen *würde*. Temperaturvergleiche sind also auch indirekt möglich. Nur deswegen können wir die Temperatur der Oberfläche von Himmelskörpern bestimmen, ohne tatsächlich ein Messgerät dort hinzuschicken.

Systeme und Systemgrenze

Eine thermodynamische Untersuchung beginnt damit, dass man den Bereich des Raumes abgrenzt, den man untersuchen will. Dieses Gebiet wird thermodynamisches System genannt (Abb. 2.6). Alles was außen ist, heißt Umgebung (siehe auch Kapitel 1, Einführung).

Geschlossenes System Wenn die Abgrenzung des Gebietes, also die Systemgrenze, so gewählt wurde, dass sie für Materie undurchlässig ist, wird das System „geschlossenes System" genannt (Abb. 2.7 a).

Offenes System Wenn die Systemgrenze so gewählt wurde, dass sie für Materie durchlässig ist, wird das System „offenes System" genannt (Abb. 2.7 b).

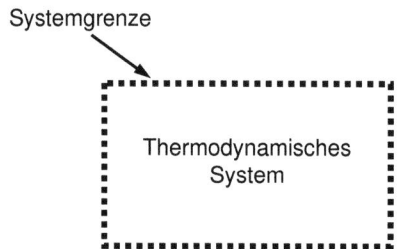

Abbildung 2.6 Thermodynamisches System und Systemgrenze.

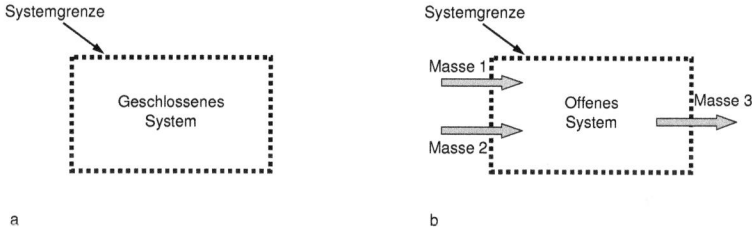

Abbildung 2.7 (a) Geschlossenes System. (b) Offenes System.

Zustandsgrößen eines Systems

Eine Zustandsgröße Z eines Systems, deren Wert sich bei einer gedachten Teilung des Systems als Summe der Zustandsgrößen der einzelnen Teile ergibt, heißt **extensive** Zustandsgröße (Abb. 3.1 a). Es gilt also:

$$Z_{Ges} = Z_1 + Z_2 + Z_3$$

Beispiele für extensive Zustandsgrößen sind Volumen, Masse, Innere Energie, Enthalpie.

Eine Zustandsgröße z eines Systems, deren Wert sich bei einer *gedachten* Teilung des Systems nicht als Summe der Zustandsgrößen der einzelnen Teile ergibt, heißt

intensive Zustandsgröße (Abb. 3.1 b). Dabei gilt im thermodynamischen Gleichgewicht der Teilbereiche des Systems:

$$z_{Ges} = z_1 = z_2 = z_3$$

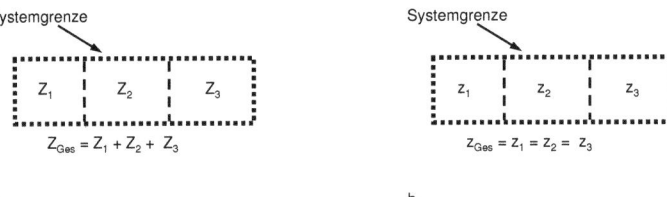

Abbildung 2.8 (a) Extensive Zustandsgröße. (b) Intensive Zustandsgröße.

Beispiele für intensive Zustandsgrößen sind Temperatur, Druck, Dichte, letztere aber nur, wenn das Objekt „homogen" ist, d.h., aus dem gleichen Material besteht.

Wenn man eine extensive Zustandsgröße Z_i eines Teilsystemes durch die in diesem Teilsystem enthaltene Masse m_i teilt, entsteht die entsprechende spezifische Zustandsgröße z_i (symbolisiert durch Kleinbuchstaben).

$$z_i = \frac{Z_i}{m_i}$$

Spezifische Zustandsgrößen gehören bei homogenen Körpern oder Systemen zu den intensiven Zustandsgrößen, denn sie verhalten sich bei Systemteilungen und Systemzusammenlegungen nicht additiv.

Beispiele für spezifische und damit intensive Zustandsgrößen homogener Systeme:

Spezifische innere Energie:	$u = U/m$
Spezifische Enthalpie:	$h = H/m$
Spezifische Entropie:	$s = S/m$
Spezifisches Volumen:	$v = V/m$
Dichte als Kehrwert des spezifischen Volumens:	$\rho = 1/v$

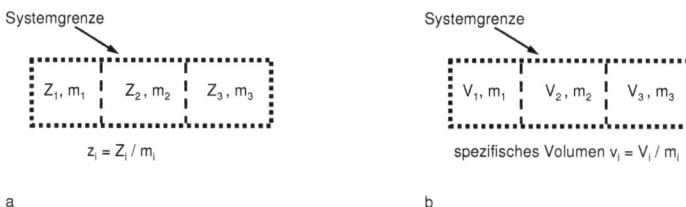

Abbildung 2.9 Spezifische Zustandsgröße: (a) allgemein, (b) spezifisches Volumen v.

3 Der 1. Hauptsatz der Thermodynamik (Erhaltung der Energie)

Der Satz von der Erhaltung der Energie (etwa 1842 durch Robert J. Mayer)

In einem nach außen abgeschlossenen System von Körpern bleibt die Summe aller Energiebeträge im Laufe der Zeit unverändert.

Die Energie kann in verschiedenen Formen auftreten, etwa als elektrische, kinetische, potentielle Energie, mechanische Arbeit und natürlich auch als Wärmezustand. Den Wärmezustand der Materie bezeichnet man als „(spezifische) innere Energie" u bzw. U. Zur (spez.) inneren Energie der Materie wird in der Thermodynamik also nur der definierte Wärmezustand als eindeutige Zustandsgröße gerechnet, nicht aber andere Energieformen der Materie.

Der gleiche Begriff „innere Energie" wird für ein System mit beliebigem Inhalt in der allgemeinen Definition des Energieerhaltungssatzes für alle Arten gespeicherter oder freiwerdender Energie im Inneren der Systemgrenze verwendet. In diesem Fall können neben dem Wärmezustand auch andere Systemenergien (chemische, elekrische, magnetische, ...) unter dem Begriff „innere Energie des Systems" verstanden werden. Alle Einzelwerte werden dabei lediglich zu einem Gesamtwert aufsummiert. In den Formen des 1. Hauptsatzes der später folgenden Kapitel werden diese inneren Energieformen grundsätzlich immer getrennt vom Wärmezustand u bzw. U aufgeführt.

Mechanisches Wärmeäquivalent (etwa 1843 durch Joule)

Die experimentelle Bestimmung des mechanischen Wärmeäquvalentes gelang zuerst Joule mit Hilfe des Rührwerksversuches (Abb. 3.1). Durch ein Gewicht G wird an einer Flüssigkeit mit Hilfe eines Rührwerks eine bestimmte mechanische Arbeit Gh verrichtet und die dadurch entstehende Wärmemenge als Temperaturänderung gemessen. Es stellt sich heraus, dass die mechanische Arbeit proportional zur Wärmemenge Q und der Temperaturdifferenz ΔT ist.

$$Q \sim m_W \Delta T \sim W$$

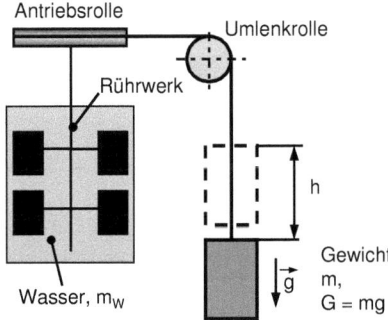

Abbildung 3.1 Rührwerksversuch von Joule zur Ermittlung des Wärmeäquivalents der Arbeit.

Um die Temperatur von 1 kg Wasser um 1 K zu erhöhen, braucht man 1 kcal an Energie, was einer Arbeit von W = 4187 Nm entspricht.

$$Q = W$$

Damit kann die spezifische Wärmekapazität c_W des Wassers bestimmt werden:

$$Q = Gh = m_W c_W \Delta T$$

$$c_W = \frac{mgh}{m_W \Delta T} = 4187 \text{ J/kgK}$$

1. Hauptsatz für ein geschlossenes System

Als Erhaltungsgröße ist die Energie an beliebigen Systemen bilanzierbar. Kurz gesagt, kann man entweder

- aus den Energien, die über die Grenze eines beliebigen Systems gehen, auf die Änderung des Gesamtgehaltes im Inneren des Systems schließen oder
- aus der Änderung des Gesamtgehaltes der Energie eines Systems auf die Energie schließen, die über die Systemgrenze gekommen sein muss. [1]

Alle Arbeiten W_i, die von außen an dem System verrichtet werden oder alle anderen Energien E_j, die über die Systemgrenze in das System eingebracht werden, führen zu einer betragsmäßig gleich großen Änderung des Gesamtenergiegehaltes des Systems ΔE_{ges} (Abb. 3.2).

$$\sum_i W_i + \sum_j E_j = \Delta E_{ges}$$

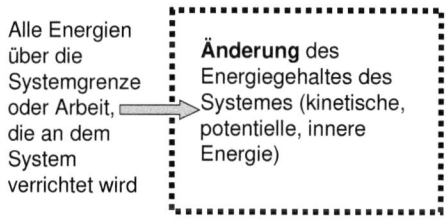

Abbildung 3.2 Energiebilanz am System (1).

Energieformen des Systems, die geändert werden können:

- Innere Energie: Änderung $\Delta U = U_2 - U_1$
- Kinetische Energie: Änderung $\Delta E_a = m/2(c_2^2 - c_1^2)$
- Potentielle Energie: Änderung $\Delta E_p = mg(z_2 - z_1)$
- Chemische Energie, wenn Reaktionen innerhalb des Systems stattfinden ΔE_0 (Nullpunktsenergieveränderung oder Heizwert)

---

[1] Kleine Gedankenhilfe: Geld (=Energie) im Geldbeutel (=System/Systemgrenze): Geld verhält sich hier ähnlich, denn es wird weder spontan im Geldbeutel entstehen noch verschwinden, ohne über die Systemgrenze zu gehen. Lediglich bei Banken scheint das nicht zu funktionieren: Da bekommt man doch bei bestimmten Anlageformen vom Berater immer wieder mal zu hören: „ Es tut uns sehr leid, aber *Ihr* Geld ist einfach weg" ...

Andere Energieformen betrachten wir zwar hier nicht, aber sie können natürlich als additive Terme ebenso berücksichtigt werden.

Zunächst beziehen wir die Bilanz auf einen beliebig langen Zeitraum $\Delta t = t_2 - t_1$. Die Energiebilanz muss unabhängig von der Größe dieses Zeitraumes immer gelten.

Energieformen, die bei einem **geschlossenen** System in der Zeit Δt über die Systemgrenze kommen:

- Wärmemenge: Q_{12}
- Äußere Arbeit am System: W_{12}

(1 ist der Zustand vorher, 2 ist der Zustand nachher.)

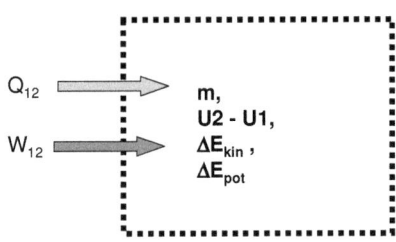

Abbildung 3.3 Energiebilanz am System (2).

Dies führt zur gleich großen Gesamtänderung der Energie (rechte Seite): Innere, kinetische, potentielle Energie des **Systems** mit der Gesamtmasse m, Abbildung 3.3:

$$Q_{12} + W_{12} = U_2 - U_1 + \underbrace{\frac{m}{2}(c_2^2 - c_1^2)}_{\Delta E_{kin}} + \underbrace{mg(z_2 - z_1)}_{\Delta E_{pot}}$$

Der Zeitraum Δt darf auch beliebig klein sein, aber nicht wirklich gleich null. Im Grenzfall $\Delta t \to 0$ bezieht man die Gleichung auf Δt so dass durch den Grenzübergang $\Delta t \to 0$ die Leistungsgleichung entsteht:

$$\frac{Q_{12}}{\Delta t} + \frac{W_{12}}{\Delta t} = \frac{U_2 - U_1}{\Delta t} + \frac{m}{2}\frac{\Delta\left(c^2\right)}{\Delta t} + mg\frac{\Delta z}{\Delta t}$$

Durch den Grenzübergang $\Delta t \to 0$ erhält man:

$$\dot{Q} + P = \dot{U} + (ma)c + mg\dot{z}$$

Hierbei ist $a = \dot{c}$ die resultierende Beschleunigung des Systems der Masse m, (ma) die resultierende Kraft auf das System und $\dot{z}$ die Vertikalgeschwindigkeit. Wenn das System seinen Bewegungszustand nicht ändert, fallen die beiden letzten Terme weg (Beschleunigungsleistung und Hubleistung am System).

Es ergibt sich der **1. Hauptsatz eines geschlossenen und unbewegten Systems im instationären Fall**:

$$\dot{Q} + P = \dot{U}$$

In dieser Form gilt der 1. Hauptsatz zu jedem beliebig gewählten Zeitpunkt. Betrachtet man wieder einen längeren Zeitraum Δt, so nimmt er unter sonst gleichen Bedingungen die folgende Form an:

$$Q_{12} + W_{12} = U_2 - U_1$$

1. Hauptsatz mit chemischen Reaktionen im geschlossenen System

Die chemische Energie wird als Veränderung der Nullpunktsenergien der reagierenden Stoffe erfasst und direkt in der inneren Energie U berücksichtigt (bei offenen Systemen in der Enthalpie). Es ist allgemein für jeden Stoff:

$$U_{ges} = U_0 + (U_{ges} - U_0)$$

Der Term in der Klammer ist die innere Energiedifferenz des Stoffes in Bezug auf einen beliebig gewählten Nullpunkt. Wird der Stoff während des Vorgangs nicht verändert, fällt die Nullpunktsenergie U_0 immer heraus und es können die inneren Energiedifferenzen zu einem *beliebig wählbaren* Nullpunkt der Temperatur T_0 verwendet werden, an dem der Wert der inneren Energie U_0 definiert ist, aber nicht bekannt sein muss:

$$\Delta U = U_{2,ges} - U_{1,ges} = U_0 + (U_{2,ges} - U_0) - U_0 - (U_{1,ges} - U_0) = U_2 - U_1$$

Hierbei ist

$$U_i = U_{i,ges} - U_0$$

nur noch die innere Energiedifferenz zum gewählten Nullpunkt, also z.B. zu 0°C.

Treten dagegen im System chemische Reaktionen auf, tritt die Reaktionswärme (endotherm oder exotherm) als Differenz der Nullpunktsenergien der beteiligten

Stoffe auf und fällt im Allgemeinen nicht mehr heraus. Reagieren ein Stoff A und ein Stoff B mit einem bestimmten Anfangszustand 1 miteinander zu einem Stoff C, der dann den Zustand 2 hat, so ist die Änderung der inneren Energie:

$$\Delta U = U_{2,C,ges} - (U_{1,A,ges} + U_{1,B,ges}) = U_{2,C} + U_{0,C} - (U_{1,A} + U_{0,A} + U_{1,B} + U_{0,B})$$

$$\Delta U = [U_{2,C} - (U_{1,A} + U_{1,B})] + [U_{0,C} - (U_{0,A} + U_{0,B})]$$

Die erste eckige Klammer ist dabei die Veränderung der **fühlbaren Wärme** in Bezug auf den Nullpunkt, d.h. die Temperaturänderung der Stoffe bei der Reaktion. Die zweite eckige Klammer ist

$$\Delta E_0 = \Delta U_0 = U_{0,C} - (U_{0,A} + U_{0,B}) = (m_A + m_B)u_{0,C} - (m_A u_{0,A} + m_B u_{0,B})$$

und somit die Veränderung der Nullpunktsenergien aufgrund der chemischen Reaktion, die als **latente Wärme** oder **Reaktionswärme** bezeichnet wird. Ist diese negativ, wird Reaktionswärme frei (exotherm), ist sie positiv, muss Energie von außen zugeführt werden (endotherm).

$$Q_{12} + W_{12} = U_{2,C} - (U_{1,A} + U_{1,B}) + \Delta E_0$$

Die Differenz der Nullpunktsenergien bei einem Versuch, bei dem die fühlbare Wärme null ist, d.h. vor und nach dem Vorgang müssen die Stoffe A, B und C die gleiche Temperatur haben, wird bei technischen Verbrennungsvorgängen als *Heizwert* bezeichnet, denn dies ist gleichzeitig die nach außen abzuführende und freiwerdende Wärmemenge eines genau definierten Versuchs. Diesen Versuch und die Definition des Heizwertes sehen wir uns am Beispiel des brennbaren Gases Methan an, dem Hauptbestandteil von Erdgas.

Beispiel: Ermittlung des Heizwertes von Methan im Kalorimeterversuch

In einer sogenannten Kalorimeterbombe, also einem geschlossenen Behälter mit konstantem Volumen, befindet sich eine bekannte Menge m_A Methan (CH_4) zusammen mit einer ausreichend großen Menge ($m_B + m_D$) an Luft, so dass das Methan vollständig verbrennen kann. Vor der Verbrennung haben beide Stoffe die Temperatur $t_1 = 15°C$. Die Kalorimeterbombe befindet sich in einem sehr großen Wasserbad ebenfalls der Temperatur $t_1 = 15°C$, das die Kalorimeterbombe kühlt. Die gesamte Anordnung ist nach außen sehr gut isoliert, also adiabat. Das Methan wird gezündet und verbrennt mit der dazu nötigen Sauerstoffmenge m_B. Es wird jetzt so lange gewartet, bis das Wasser und die Verbrennungsprodukte wieder die gleiche Temperatur $t_2 = t_1 + \Delta T$ aufweisen, also wie zu Beginn im thermodynamischen Gleichgewichtszustand sind. Ist das Wasserbad sehr groß, dann ist $t_2 \approx t_1$, aber ein geringer Temperaturanstieg des Wasserbades ΔT immer noch geeignet messbar, so dass die vom Wasserbad aufgenommene Wärmemenge Q_{12} ermittelt werden kann:

$$Q_{12} = m_W c_W \Delta T$$

Wie groß sind der Heizwert H_u und die Nullpunktsenthalpieänderung der beteiligten Stoffe?

Das Methan (Stoff A) verbrennt nur mit dem Sauerstoffanteil (Stoff B) der Luft, der der stöchiometrischen Verbrennung entspricht und verbrennt zu einem Gemisch aus Wasserdampf und Kohlendioxid (Stoff E). Der überschüssige Luftanteil (Stoff D) sowie der restliche Stickstoff (mit ein wenig Argon) (Stoff C) durchlaufen die Reaktion dagegen chemisch unverändert. Die Reaktionsgleichung ist:

$$1 \text{ kmol } CH_4 + 2 \text{ kmol } O_2 \rightarrow 1 \text{ kmol } CO_2 + 2 \text{ kmol } H_2O$$

Die Kalorimeterbombe ist ein geschlossenes System und gibt bei dem Vorgang, der beliebig lange Zeit brauchen kann, insgesamt die Wärmemenge Q_{12} an das Wasserbad ab. Der 1. Hauptsatz am geschlossenen System gilt auch hier:

$$Q_{12} + W_{12} = U_{2,ges} - U_{1,ges}$$

Arbeit kann dabei nicht verrichtet werden, denn das Volumen bleibt gleich, $W_{12} = 0$. Die gesamte innere Energie vor der Verbrennung setzt sich aus der inneren Energie des Methans, des Sauerstoffs zur Verbrennung, des übrig bleibenden Stickstoffes aus der Luft (inklusive Argon) und der inneren Energie der Zusatzluft zusammen:

$$\begin{aligned} U_{1,ges} &= U_{1,Meth,ges} + U_{1,Luft,ges} \\ &= m_A(u_{1,Meth} + u_{0,Meth}) + m_B(u_{1,Sauerst} + u_{0,Sauerst}) \\ &\quad + m_C(u_{1,Stickst} + u_{0,Stickst}) + m_D(u_{1,Luft} + u_{0,Luft}) \end{aligned}$$

Die gesamte innere Energie nach Verbrennung setzt sich aus der inneren Energie der Verbrennungsprodukte (Stoff E) und der unveränderten Stoffe (Stoffe C und D) zusammen:

$$\begin{aligned} U_{2,ges} &= U_{2,C,ges} + U_{2,D,ges} + U_{2,E,ges} \\ &= (m_A + m_B)(u_{2,E} + u_{0,E}) + m_C(u_{2,Stickst} + u_{0,Stickst}) \\ &\quad + m_D(u_{2,Luft} + u_{0,Luft}) \end{aligned}$$

Somit ist die freiwerdende Wärmemenge:

$$\begin{aligned} Q_{12} &= U_{2,ges} - U_{1,ges} \\ &= (m_A + m_B)(u_{2,E} + u_{0,E}) + m_C(u_{2,Stickst} + u_{0,Stickst}) \\ &\quad + m_D(u_{2,Luft} + u_{0,Luft}) \\ &\quad - m_A(u_{1,Meth} + u_{0,Meth}) - m_B(u_{1,Sauerst} + u_{0,Sauerst}) \\ &\quad - m_C(u_{1,Stickst} + u_{0,Stickst}) - m_D(u_{1,Luft} + u_{0,Luft}) \end{aligned}$$

Nachdem die Stoffe C (Stickstoff) und D (Luft) vor und nach dem Vorgang die gleiche Temperatur besitzen ($u_2 = u_1$) und sie auch chemisch nicht verändert werden (u_0 unverändert), fallen diese beiden Stoffe aus der Wärmebilanz ganz heraus. Es kann daher der Versuch auch mit einem *beliebig* hohen Luftüberschuss m_D durchgeführt werden. Damit erreicht man, dass auch der Wasserdampf nach dem Abkühlen gasförmig bleibt. Kondensiert dieser nämlich im Versuch teilweise aus, erhält man mehr Wärme, bis hin zum sogenannten Brennwert. Die ohne Kondensation freiwerdende Wärme ist also:

$$\begin{aligned} Q_{12} &= (m_A + m_B)(u_{2,E} + u_{0,E}) \\ &\quad - m_A(u_{1,Meth} + u_{0,Meth}) - m_B(u_{1,Sauerst} + u_{0,Sauerst}) \end{aligned}$$

Das Ergebnis wird nach fühlbarer Wärme und Reaktionswärme sortiert:

$$\begin{aligned} Q_{12} &= (m_A + m_B)u_{2,E} - m_A u_{1,Meth} - m_B u_{1,Sauerst} \\ &\quad + (m_A + m_B)u_{0,E} - m_A u_{0,Meth} - m_B u_{0,Sauerst} \end{aligned}$$

Nun wird der Nullpunkt der fühlbaren Wärme *willkürlich* auf den Temperaturwert des Versuchs, d.h. hier $t_1 = t_2 = 15°C$ gelegt. Damit beziehen sich auch alle Nullpunktsenthalpien ($u_{0,i}$) auf diese Temperatur. Der Betrag der freiwerdenden Wärme wird dann der „Heizwert von Methan bezogen auf die Temperatur $t = 15°C$" genannt, $H_{u,15}$. Gleichzeitig ist dieser Versuch die Definition des Heizwertes bei der angegebenen Temperatur. Das negative Vorzeichen wird hier eingeführt, weil eine freiwerdende Wärme Q_{12} einen negativen Wert hat, der Heizwert aber als positive Zahl angegeben wird.

$$Q_{12} = -m_A H_{u,15} = (m_A + m_B)u_{0,E} - m_A u_{0,Meth} - m_B u_{0,Sauerst}$$

Der Stoff E, das Endprodukt der Verbrennung, setzt sich dabei aus den gasförmig bleibenden Stoffen Kohlendioxid und Wasserdampf im Molverhältnis 1:2 zusammen.

Bestimmt man den Heizwert mit einer anderen Versuchstemperatur (z.B. $t_1 = t_2 = 25°C$), dann ist auch der Wert leicht unterschiedlich, nämlich um die fühlbare Wärme, also die innere Energiedifferenz der Ausgangs- und Endstoffe zwischen den

beiden Temperaturen:
$$H_{u,0} \neq H_{u,15} \neq H_{u,25}$$

Will man mit einem gegebenen Heizwert eines Brennstoffes die Reaktionswärme und die tatsächlichen Verhältnisse einer realen Verbrennung bestimmen, muss man daher die Definitionstemperatur des Heizwertes berücksichtigen, denn auch alle inneren Energiedifferenzen (bzw. bei offenen Prozessen Enthalpiedifferenzen) beziehen sich auf diese Temperatur. Alle fühlbaren Wärmemengen (innere Energiedifferenzen) bei der Berechnung von Verbrennungen muss man dann als Differenz zu dieser Temperatur bilden, z.B. bei konstanten Wärmekapazitäten:

$$u_2 = (u_{2,ges} - u_0) = c_v(t - 15°C)$$

$$h_2 = (h_{2,ges} - h_0) = c_p(t - 15°C)$$

Zusammenfassung: 1. Hauptsatz für eine chemische Reaktion in einem geschlossenen Behälter (geschlossenes System)

Nachdem wir gezeigt haben, dass die an der Reaktion nicht beteiligten Stoffe in der Energiebilanz herausfallen, betrachten wir nur noch die Reaktionspartner A und B und nennen das Reaktionsprodukt C (nicht mehr E).

Reagieren ein Brennstoff A und ein Oxidator B (der Sauerstoff enthält) miteinander, so dass das Verbrennungsprodukt C entsteht und dabei Energie freigesetzt wird (Verbrennung oder exotherme Reaktion), dann kann man die Reaktionsenergie über den **Heizwert** des Brennstoffes A, $H_{u,0}$, bestimmen. Es gilt:

$$Q_{12} + W_{12} = (m_A + m_B)u_{2,C} - m_A u_{1,A} - m_B u_{1,B} - m_A H_{u,0}$$

Die Nullpunktstemperatur der inneren Energie und die Temperatur der Heizwertbestimmung sind dabei gleich.

Ist die chemische Reaktion dagegen endotherm, muss das Vorzeichen bei der Reaktionsenergie ΔE_0 (zuzuführende Energie) umgedreht werden:

$$Q_{12} + W_{12} = (m_A + m_B)u_{2,C} - m_A u_{1,A} - m_B u_{1,B} + \Delta E_0$$

1. Hauptsatz für ein offenes System

Bei **offenen** Systemen kann Materie über die Systemgrenze treten. Diese Materie trägt immer auch Energie in verschiedenen Formen in das System hinein oder aus ihm heraus. Diese Energie muss mit bilanziert werden. Die wichtigsten an Materie (Masse) gebundenen Energieformen sind:

- Innere Energie der transportierten Materie,
- Kinetische Energie und potentielle Energie,
- Einschubarbeit, die zum Einbringen der Materie in das System benötigt wird.

Bei offenen Systemen ist es praktikabler, wenn man anstelle von Energien Energieströme (Energie pro Zeiteinheit) und Leistungen bilanziert. Grundsätzlich gilt, dass an den eintretenden Massenstrom auch ein Energiestrom oder eine Leistung gebunden ist.

$$\dot{m} = \lim_{\Delta t \to 0} \frac{\Delta m}{\Delta t}$$

Beim geschlossenen System ändert sich die Systemmasse nicht, so dass $\Delta U = \Delta(mu) = m\Delta u$ ist:

$$\dot{U} = \lim_{\Delta t \to 0} \frac{\Delta U}{\Delta t} = \lim_{\Delta t \to 0} \frac{\Delta(mu)}{\Delta t} = m\dot{u}$$

Beim offenen System ändert sich die Systemmasse dagegen, so dass auf der rechten Seite der Gleichung $\Delta U = \Delta(mu) = m_2 u_2 - m_1 u_1$ ist:

$$\dot{U} = \lim_{\Delta t \to 0} \frac{\Delta U}{\Delta t} = \lim_{\Delta t \to 0} \frac{\Delta(mu)}{\Delta t} = m\dot{u} + \frac{dm}{dt}u$$

dm/dt ist in diesem Fall die gesamte zeitliche Änderung der Systemmasse und nicht irgendein Massenstrom.

Die Massenströme über die Systemgrenze werden auf der linken Seite des 1. Hauptsatzes berücksichtigt. Die Summe aller Massenströme über die Systemgrenze ist dabei gleich der gesamten (totalen) Änderung der Systemmasse:

$$\frac{dm}{dt} = \sum_{i=1}^{n} \dot{m}_i$$

Dies ist die Massenerhaltung oder Kontinuitätsgleichung am System.

Jeder der Massenströme $\dot{m}_i$ trägt Energie in das System hinein oder heraus. Eintretende Massenströme bringen Energie mit und werden daher positiv berücksichtigt (Gewinn für das System), austretende Massenströme nehmen Energie mit und werden daher negativ gewichtet (Verlust für das System).

Innere Energie: Jeder Materiestrom $\dot{m}_i$ in das System trägt mindestens spezifische innere Energie u_i. Somit wird mit einem Massenstrom auch jeweils ein Strom an innerer Energie in das System eingebracht.

$$\dot{U}_i = \dot{m}_i u_i$$

Äußere Energie (kinetische und potentielle Energie): Jeder Materiestrom in das System trägt durch die Bewegung über die Systemgrenze auch kinetische Energie in das System sowie über die Höhenlage z der Stelle, wo er eintritt potentielle Energie.

$$\dot{E}_{a_i} = \dot{m}_i e_{a_i} + \dot{m}_i e_{p_i} = \dot{m}_i \left(\frac{c_i^2}{2} + g z_i \right)$$

Einschubarbeit: Selbst das Einbringen eines Materiestromes in das System ist mit Arbeit verbunden (Abb. 3.4). Es muss gegen den Innendruck p_i des Systems der Massenstrom eingeschoben werden, d.h. sein Volumenstrom $\dot{V}_i$ muss über die Grenze gegen den Widerstand p_i des Systems an dieser Stelle eingepresst werden. Die Einschubarbeit (Kraft x Weg) des Gasvolumens ΔV gegen den In-

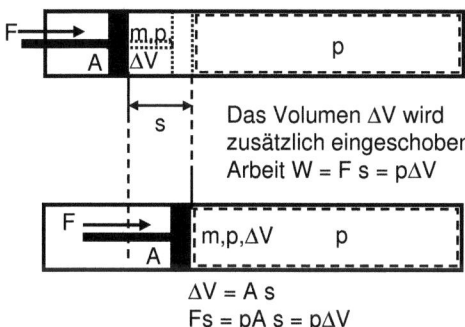

Abbildung 3.4 Einschubarbeit in ein System.

nendruck in das System (Abb. 3.4) ist also:

$$W = Fs = pAs = p\Delta V$$

Das kann man sich vorstellen wie in einem vollen Bus: Je mehr Leute schon drinnen sind, desto größer ist der Widerstand (Druck im Bus) noch mehr Personen aufzunehmen. Um reinzukommen, muss man mehr Kraft x Weg = Arbeit aufbringen. Die Einschubarbeit ist $p\Delta V$, die Einschubleistung $p\dot{V}$. Jeder Massenstrom trägt also die Ein- oder Ausschubleistung in das System hinein oder heraus:

$$\dot{E}_{EA_i} = p_i \dot{V}_i = \dot{m}_i p_i v_i$$

Dieser Massenstrom muss gegen den Innendruck des Systems verschoben werden. Im Gegensatz zu kinetischer und potentieller Energie treten die spezifische

Einschubarbeit $p_i v_i$ und die spezifische innere Energie u_i daher **immer** gleichzeitig auf. Beide werden zu einer neuen Zustandsgröße, der Enthalpie h_i zusammengefasst. Es gilt an jeder Stelle:

$$h_i = u_i + p_i v_i$$

Die **Enthalpiedefinition** ist daher allgemein für alle Stoffe (fest, flüssig, gasförmig):

$$h = u + pv$$

Bzw.

$$H = U + pV$$

Damit sind alle Energieströme über die Grenze eines offenen Systems ebenso gegeben, wie die Änderungen der Systemenergien. Somit wird der **erste Hauptsatz für offene Systeme**

$$\dot{Q} + P + \sum_{i=1}^{n} \dot{m}_i \left(h_i + \frac{c_i^2}{2} + g z_i \right) = \dot{U} + \dot{E}_a$$

wobei

$$\frac{c_i^2}{2} + g z_i$$

die kinetische und potentielle Energie der einzelnen ein-/austretenden Massenströme darstellt und $\dot{E}_a$ die kinetische und potentielle Energieänderung des Systems selbst ist. Eintretende Massenströme werden positiv, austretende Massenströme negativ gezählt. Gleiches gilt für andere Energieströme, also Wärmestrom $\dot{Q}$ und äußere Leistung P.

Man beachte, dass auch in dieser Form immer noch die linke Seite für alle Energieströme steht, die von außen über die Systemgrenze kommen, und die rechte Seite die Reaktion des abgegrenzten Inneren des Systembereiches ist.

1. Hauptsatz mit chemischen Reaktionen im offenen System

Genauso wie beim geschlossenen System kann man jetzt auch bei einem offenen System, z.B. einem kontinuierlichen Verbrennungsvorgang, die Reaktionsenergie über die Veränderung der Nullpunktsenergien berücksichtigen. Wir verbrennen einen konstanten Strom A eines brennbaren Stoffes mit einem konstanten Strom Sauerstoff oder Luft (B) und kühlen die Reaktionsprodukte C wieder auf ihre Ausgangstemperatur $t_2 = t_1$ mit einem Wasserstrom. Beim kontinuierlichen Vorgang sind im Gegensatz zum Kalorimeterversuch (V = konst.) allerdings die Volumenänderungen der Stoffe zu berücksichtigen, was über die Ein- und Ausschubarbeiten der Enthalpie geschieht. Äußere Leistung P wird auch hier nicht umgesetzt. Im stationären Fall und unter Vernachlässigung der kinetischen und potentiellen Energie der Ströme gilt:

$$\dot{Q} + \sum_{i=1}^{3} \dot{m}_i h_i = 0$$

$$\dot{Q} + \dot{m}_A h_{A,1,ges} + \dot{m}_B h_{B,1,ges} - \dot{m}_C h_{C,2,ges} = 0$$

$$\dot{Q} + \dot{m}_A (h_{A,1} + h_{0,A}) + \dot{m}_B (h_{B,1} + h_{0,B}) - \dot{m}_C (h_{C,2} + h_{0,C}) = 0$$

Hier wird ebenfalls nach fühlbaren und Nullpunktsenthalpien sortiert:

$$\dot{Q} = [\dot{m}_C h_{C,2} - \dot{m}_A h_{A,1} - \dot{m}_B h_{B,1}]$$
$$+ [\dot{m}_C h_{0,C} - \dot{m}_A h_{0,A} - \dot{m}_B h_{0,B}]$$

Auch bei der kontinuierlichen Reaktion von Strömen werden alle Enthalpien der chemisch unveränderten Stoffe wieder wegfallen, es darf wieder mit beliebig hoher Überschussluft gefahren werden. Daher betrachten wir in der Energiebilanz jetzt nur noch die reagierenden Partner A und B zu C. In der Gleichung des freigesetzten Wärmestroms $\dot{Q}$ ist die erste eckige Klammer gleich der fühlbaren Wärme der beteiligten Stoffe. Wir setzen wieder den Nullpunkt der fühlbaren Enthalpien $h_{Stoff,i}$ genau bei der Temperatur $t_1 = t_2$ des Versuchs an, d.h. diese sind alle null:

$$\dot{Q} = \dot{m}_C h_{0,C} - \dot{m}_A h_{0,A} - \dot{m}_B h_{0,B}$$

Die Nullpunktsenthalpien ersetzen wir noch durch die Definition der Enthalpie, die natürlich auch für diese gilt, $h = u + pv$:

$$\dot{Q} = [\dot{m}_C u_{0,C} - \dot{m}_A u_{0,A} - \dot{m}_B u_{0,B}]$$
$$+ [\dot{m}_C (pv)_{0,C} - \dot{m}_A (pv)_{0,A} - \dot{m}_B (pv)_{0,B}]$$

Die erste eckige Klammer ist die Definition des (negativen) Heizwertes im Kalorimeterversuch bei der Temperatur t_1. Die zweite eckige Klammer drückt die Veränderung des Gesamtvolumens und ggf. der Drücke der Reaktionspartner aus: Verringert sich das Volumen (bzw. pv) bei der Reaktion, dann wird zusätzlich Wärme frei, vergrößert sich das Volumen (oder pv) dagegen, muss ein Teil der Reaktionswärme dafür aufgebracht werden:

$$\dot{Q} = -\dot{m}_A H_{u,t1} + \left[(p\dot{V})_{0,C} - (p\dot{V})_{0,A} - (p\dot{V})_{0,B}\right]$$

Führt man den Versuch isobar und isotherm durch, dann gilt sogar:

$$\dot{Q} = -\dot{m}_A H_{u,t1} + p\left[\dot{V}_{0,C} - \dot{V}_{0,A} - \dot{V}_{0,B}\right]$$

Verbrennt man also isobar 1 kmol Methan mit 2 kmol Sauerstoff = 3 kmol Ausgangsprodukte zu 1 kmol Kohlendioxid und 2 kmol Wasserdampf = 3 kmol Reaktionsprodukte, bleibt das Gesamtvolumen erhalten und auch für den kontinuierlichen isobaren Kalorimeterversuch von **Methan** gilt:

$$\dot{Q} = -\dot{m}_A H_{u,t1}$$

Haben Ausgangs- und Endprodukte ein unterschiedliches Volumen, dann ist die eckige Klammer bei allgemeinen Reaktionsgleichungen dagegen zu berücksichtigen. Es muss aber ganz klar gesagt werden, dass diese Differenz der Ein- und Ausschubleistungen bei technischen Brennstoffen meistens gegen den Heizwert vernachlässigbar ist. Für allgemeine chemische Reaktionen, die isobar ablaufen, gilt das allerdings nicht, hier sind Volumenänderungen zu berücksichtigen.

Um die Größenordnung einer Vernachlässigung abzuschätzen, nehmen wir mal an, das Volumen der Ausgangsstoffe sei bei einem Brennstoff viel kleiner, als das der Endprodukte (also z.B. $\dot{V}_{0,C} = N \cdot \dot{V}_{0,A}$ und $\dot{V}_{0,C} = M \cdot \dot{V}_{0,B}$ mit $N, M \gg 1$), so dass die eckige Klammer nicht null ist, dann wäre

$$\dot{Q} = -\dot{m}_A H_{u,t1} + p\dot{V}_{0,C}$$

Bezogen auf den Brennstoffstrom erhält man die spezifische Wärme q:

$$q = \frac{\dot{Q}}{\dot{m}_A} = -H_{u,t1} + p\frac{\dot{V}_{0,C}}{\dot{m}_A} \approx -H_{u,t1} + Np\frac{\dot{V}_A}{\dot{m}_A} \approx -H_{u,t1} + Npv_A$$

Legt man für einen gasförmigen Brennstoff die Eigenschaften von Methan zugrunde, ist $N = 3$ und das Produkt aus p und v kann durch RT ersetzt werden:

$$q = \frac{\dot{Q}}{\dot{m}_A} = -H_{u,t1} + p\frac{\dot{V}_{0,C}}{\dot{m}_A} \approx -H_{u,t1} + 3p\frac{\dot{V}_A}{\dot{m}_A} \approx -H_{u,t1} + 3pv_{Meth}$$
$$q \approx -H_{u,t1} + 3(RT)_{Meth}$$

Bei einer Temperatur des Kalorimeterversuchs von $T = 288$ K ist der Heizwert von Methan fast genau 50000 kJ/kg oder 50 MJ/kg. Die Gaskonstante ist 519 J/kgK, so dass der Term $3pv = 3RT$ eine Größenordnung von ca. 450 kJ/kg hat. Im Verhältnis zum Heizwert ist das weniger als ein Prozent, trotz der unrealistischen Annahme, dass die Ausgangsprodukte gar kein Volumen besitzen. In Wirklichkeit ist die Verbrennung von gasförmigem Methan wie oben bereits erwähnt sogar volumenkonstant, denn aus 3 kmol Ausgangsprodukte werden 3 kmol Endprodukte:

$$1 \text{ kmol } CH_4 + 2 \text{ kmol } O_2 \rightarrow 1 \text{ kmol } CO_2 + 2 \text{ kmol } H_2O$$

$$\dot{V}_{0,C} = \dot{V}_{0,A} + \dot{V}_{0,B}$$

Auch für andere Brennstoffe ist die Volumenveränderung meist sehr klein. Die Verbrennung von Kohle ist annähernd volumenkonstant, denn die Dichte von Kohle ist als Feststoff wesentlich höher als die der gasförmigen Verbrennungsprodukte, so dass sie nur ein sehr kleines Volumen einnimmt:

$$1 \text{ kmol C} + 1 \text{ kmol } O_2 \rightarrow 1 \text{ kmol } CO_2$$

$$\dot{V}_{0,C} \approx \dot{V}_{0,A} + \dot{V}_{0,B} \approx \dot{V}_{0,B}$$

Bei Äthan C_2H_6 ergibt sich eine nur geringe Volumenvergrößerung, denn aus 4,5 kmol Ausgangsprodukten werden 5 kmol Verbrennungsprodukte:

$$1 \text{ kmol } C_2H_6 + 3,5 \text{ kmol } O_2 \rightarrow 2 \text{ kmol } CO_2 + 3 \text{ kmol } H_2O$$

Ähnlich ist es bei Butan C_4H_{10} (7,5 kmol werden zu 9 kmol), usw.

Für viele technische Brennstoffe muss man den Unterschied daher gar nicht berücksichtigen und setzt vereinfachend für den isobaren Kalorimeterversuch:

$$\dot{Q} \approx -\dot{m}_A H_{u,t1}$$

1. Hauptsatz für eine kontinuierliche chemische Reaktion in einem offenen System im stationären Fall

Betrachtet wird der Fall einer kontinierlichen Reaktion mit zeitlich konstanten Stoffströmen in einem Reaktor oder einer Brennkammer. Nachdem wir bereits zuvor gezeigt haben, dass die Nullpunktsenergien der an der Reaktion nicht beteiligten Stoffe in der Energiebilanz herausfallen, betrachten wir nur noch die Reaktionspartner A und B und nennen das Reaktionsprodukt wieder C.

Reagieren ein Brennstoff A und ein Oxidator B (der Sauerstoff enthält) miteinander, so dass das Verbrennungsprodukt C entsteht und dabei Energie freigesetzt wird (Verbrennung oder exotherme Reaktion), dann kann man die Reaktionsenergie über den Heizwert des Brennstoffes A, $H_{u,0}$, bestimmen. Es gilt:

$$\begin{aligned}\dot{Q} + P &= [\dot{m}_C h_{C,2} - \dot{m}_A h_{A,1} - \dot{m}_B h_{B,1}] \\ &\quad - \dot{m}_A H_{u,0} + \left[(p\dot{V})_{0,C} - (p\dot{V})_{0,A} - (p\dot{V})_{0,B}\right]\end{aligned}$$

Die Nullpunktstemperatur der inneren Energie und die Temperatur der Heizwertbestimmung sind dabei gleich.

Ist die chemische Reaktion dagegen endotherm muss das Vorzeichen bei der Reaktionsenergie ΔE_0 umgedreht werden:

$$\dot{Q} + P = [\dot{m}_C h_{C,2} - \dot{m}_A h_{A,1} - \dot{m}_B h_{B,1}]$$
$$+ \dot{m}_A \Delta E_0 + \left[(p\dot{V})_{0,C} - (p\dot{V})_{0,A} - (p\dot{V})_{0,B}\right]$$

4 Zustandsgleichungen und Zustandsgrößen

Thermische Zustandsgleichung für ideale Gase

Gase verhalten sich genau dann ideal, wenn ihre Zustandsgrößen p, V und T der thermischen Zustandsgleichung für ideale Gase gehorchen, entweder in der Form

$$pV = mRT$$

oder in spezifischen Größen:

$$pv = RT$$

In diesen beiden Formen wird die Stoffmenge des Gases im Volumen V über die Masse m beschrieben. Dazu ist für jedes Gas oder Gasgemisch die individuelle Gaskonstante R zu ermitteln.

Etwas einfacher wird die Betrachtung, wenn man die grundlegende Eigenschaft idealer Gase beachtet, dass die Masse der Atome oder Moleküle für den Druck gar keine Rolle spielt, sondern nur ihre Anzahl. Auch völlig unterschiedlich schwere Gase (z.B. Wasserstoff H_2, M = 2 kg/kmol und Kohlendioxid CO_2 M = 44 kg/kmol) verhalten sich im Gemisch identisch: Jedes Molekül oder Atom fordert genau den gleichen Raum an. Dies drückt die molare Form der idealen Gasgleichung aus:

$$pV = n\bar{R}T$$

$$V = n\frac{\bar{R}T}{p}$$

Die universelle Gaskonstante hat dabei für alle Gase einen festen Wert:

$$\bar{R} = 8314,4622 \text{ J/kmolK} \approx 8314 \text{ J/kmolK}$$

Die Stoffmenge n steht daher nur für die gesamte Anzahl von Teilchen im Volumen, unabhängig davon, ob es sich um ein reines Gas, ein Gasgemisch aus ähnlich schweren Gasen (Luft) oder um ein Gasgemisch aus sehr vielen, unterschiedlichen Gasen handelt. Nachdem die tatsächliche Teilchenzahl sehr groß ist, wird die Stoffmenge n üblicherweise in kmol angegeben, wobei

$$1 \text{ kmol} = 6,02214179 \cdot 10^{26}$$

Teilchen entspricht. Damit ist kmol eigentlich keine Einheit, sondern eine sehr große natürliche Zahl, ein Faktor.

Universelle und individuelle Gaskonstante werden über die Molmasse M des betreffenden Gases (Einheit kg/kmol) ineinander umgerechnet:

$$R = \frac{\bar{R}}{M}$$

Kennt man die Molmasse eines Gases oder die mittlere Molmasse eines Gasgemisches (bei Luft ist $M \approx 28$ kg/kmol), kann man die individuelle Gaskonstante R bestimmen.

Kalorische Zustandsgleichung der Inneren Energie

Für ideale Gase gilt außerdem, dass die kalorischen Zustandsgrößen innere Energie und Enthalpie nur eine Funktion der Temperatur, aber keine Funktion des Drucks sind (dies lässt sich formal zeigen):

$$u = f(T)$$

$$h = f(T)$$

Im Allgemeinen kann f eine (fast) beliebige Funktion der Temperatur sein. Für „thermisch und kalorisch ideale Gase" (sogenannte perfekte Gase) sind die innere Energie und die Temperatur linear voneinander abhängig. Die Proportionalitätskonstante ist die spezifische Wärme bei konstantem Volumen c_v:

$$u = c_v T$$

Wenn die spezifische Wärmekapazität c_v selbst eine Funktion von T ist (nicht aber des Druckes), dann gilt (Abb. 4.1):

$$u = \int_{\Delta T} c_v(T) dT + u_0$$

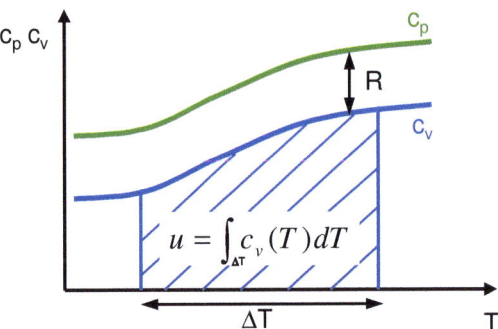

Abbildung 4.1 Spezifische Wärmekapazitäten c_p und c_v.

Kalorische Zustandsgleichung der Enthalpie

Für ideale Gase läßt sich somit auch die Enthalpie nur als Funktion der Temperatur schreiben, denn die ideale Gasgleichung gibt gleichzeitig den Wert der Einschubarbeit pv an (Abb. 4.1):

$$h = u + pv = u + RT = c_v T + RT = (c_v + R)T$$

Die spezifische Wärmekapazität bei konstantem Druck ist dann definiert durch:

$$c_p(T) = c_v(T) + R$$

Bei „perfekten" Gasen sind die Wärmekapazitäten zusätzlich auch nicht von der Temperatur abhängig, dann sind Enthalpie und Temperatur zueinander proportional:

$$h = c_p T$$

Bei idealen Gasen gilt dagegen allgemein

$$h = \int_{\Delta T} c_p(T) dT + h_0$$

Es muss allerdings klar gesagt werden, dass alleine aufgrund der Definition der Temperaturskala in der Realität kein perfektes Gas existiert. Hätte man die Temperaturskala auf der Basis des energetischen Verhaltens eines leichten Edelgases definiert, wäre das Verhalten aller Gase annähernd perfekt, aber so ist es nunmal nicht. Einatomige Gase kommen aber dem perfekten Gasverhalten am nächsten.

Perfektes Gasverhalten mit konstanten Wärmekapazitäten gibt es in der Realität nicht. Bei verhältnismäßig kleinen Temperaturdifferenzen $\Delta T/T$ ist eine solche Näherung aber durchaus zulässig, wenn der vom Temperaturniveau T abhängige Mittelwert der Wärmekapazitäten in ΔT verwendet wird.

Schlussfolgerung

Mit der thermischen Zustandsgleichung können wir aus zwei der drei thermischen Zustandsgrößen p, v und T die jeweils dritte bestimmen.

Mit der kalorischen Zustandsgleichung können wir die kalorischen Zustandsgrößen aus den thermischen Zustandsgrößen bestimmen. Bei idealen Gasen reicht sogar die Kenntnis der Temperatur aus.

Zwei voneinander unabhängige Zustandsgrößen legen alle anderen Zustandsgrößen fest. Wie man sofort erkennt, sind innere Energie, Enthalpie und Temperatur bei idealen Gasen nicht voneinander unabhängig. Daher braucht es noch eine weitere Größe außerhalb dieser Gruppe, um den Zustand eines Gases eindeutig festzulegen.

Beispielrechnung: Geschlossenes System

Ein Kolben der Fläche A in einem Zylinder komprimiert ein ideales Gas isotherm (T=const, Abb. 4.2).

1. Wie groß ist der Druck über dem Kompressionsweg s?
2. Wie ändert sich die innere Energie des Gases im Zylinder?
3. Welche Arbeit wird geleistet, welche Wärme wird frei?

1. Wie groß ist der Druck über dem Kompressionsweg s?

Ideale Gasgleichung:
$$pV = mRT$$

Ausgangszustand:
$$p_1 V_1 = mRT$$

Zustand während der Kompression
$$pV = mRT$$

Daher ist:
$$p_1 V_1 = pV$$
$$p = p_1 \frac{V_1}{V} = \frac{mRT}{V} = \frac{mRT}{V_1 - As}$$

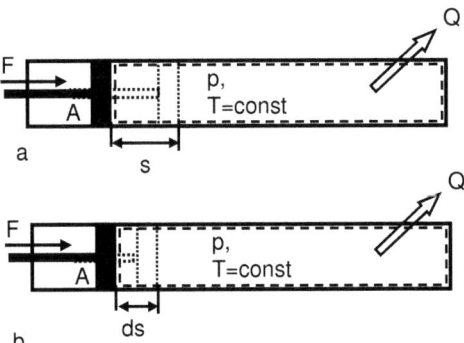

Abbildung 4.2 Isotherme Kompression.

2. Wie groß ist die Änderung der inneren Energie ?

Definition der inneren Energie:

$$\Delta U = U - U_1 = c_v(T - T_1) = 0$$

3. Geschlossenes System: Geleistete Arbeit/Wärme nach dem ersten Hauptsatz:

$$Q + W = \Delta U = 0$$
$$Q = -W$$

Die Arbeit dW wird über die Kolbenstange (Kraft F) bei einer Verschiebung um ds aufgebracht und ändert das Volumen des Gases, wobei dieses verkleinert wird ($dV = -Ads$). Sie ist also Volumenänderungsarbeit:

$$dW = Fds = pAds = -pdV$$

$$W = -\int pdV = -\int p_1 \frac{V_1}{V} dV = -\int mRT \frac{dV}{V}$$

$$W = -mRT \int_{V_1}^{V} \frac{dV}{V} = -mRT \ln\left(\frac{V}{V_1}\right) = mRT \ln\left(\frac{p}{p_1}\right) = -Q$$

Komprimieren wir 1 kg eines idealen Gases mit der Gaskonstanten 300 J/kgK isotherm bei der Temperatur 300 K vom Druck 1 bar auf 2 bar benötigen wir daher eine Arbeit

$$W = mRT \ln\left(\frac{p_2}{p_1}\right)$$

also W = 300 x 300 x ln 2 = 62,4 kJ. Dabei wird die Wärme von Q = - 62,4 kJ abgeführt.

Die Volumenänderungsarbeit

Mit diesem Beispiel hatten wir gleichzeitig die Volumenänderungsarbeit hergeleitet. Sie ist nur für isochore Vorgänge $V_1 = V_2$ null, ansonsten besitzt sie immer einen Wert. Ihre Definition ist absolut bzw. als Differential:

$$W_V = -\int_{V_1}^{V_2} p\,dV$$

$$dW_V = -p\,dV$$

5 Der 2. Hauptsatz der Thermodynamik

Allgemeines

Der 1. Hauptsatz stellt die unterschiedlichen Energieformen miteinander in Beziehung, setzt aber der Umwandlung ineinander keinerlei Grenzen oder Bedingungen. Er alleine würde es also formell erlauben, dass Wärme vollständig in Arbeit umgewandelt würde. Die Erfahrung zeigt aber, dass der Umwandlung von Energieformen ineinander Grenzen gesetzt sind. Wir benötigen zur Berechnung also noch Zusatzbedingungen, die der 2. Hauptsatz liefert.

In der Mechanik können alle reibungsfreien Vorgänge prinzipiell umgekehrt werden, sind also reversibel. Dreht man den zeitlichen Ablauf eines solchen Vorgangs um, so erhält man wieder den ursprünglichen Ausgangszustand, ohne dass dies im Widerspruch zu physikalischen Gesetzen stehen würde. Filmt man einen reibungsfreien, mechanischen Vorgang und spielt den Film vorwärts oder rückwärts ab, lässt sich (ohne Zusatzinformation) nicht entscheiden, welche Zeitrichtung „die Richtige" ist.

Bei reibungsbehafteten, mechanischen Vorgängen wäre der rückwärtslaufende Film dagegen sofort erkennbar. Solche Vorgänge sind daher prinzipiell unumkehrbar, also irreversibel.

In der Thermodynamik muss die Reversibilität eines Vorganges anders beschrieben werden, denn Reibungsfreiheit alleine reicht nicht aus. Sobald Wärmeübertragungen auftreten sind auch reibungsfreie Vorgänge nicht mehr reversibel, sondern unumkehrbar.

Führt man einen thermodynamischen Prozess mit wenigstens einer Wärmeübertragung in umgekehrter Reihenfolge durch, so wird auch bei Reibungsfreiheit der ursprüngliche Zustand nicht mehr erreicht. Einen Wärmeübertragungsvorgang vollständig wieder rückgängig zu machen ist also unmöglich. Irgendeine Änderung bleibt an anderer Stelle bestehen. In der Thermodynamik (wie im ganzen Leben) gilt nämlich:

There is no free lunch!

Irgenwie müssen wir für alle thermodynamischen Vorgänge „bezahlen": Man löst einen mehr oder weniger großen „Schaden" in der Umgebung aus und diesen wollen wir bewerten.

Zur zahlenmäßigen Erfassung dieses „Schadens" an der Natur wird eine neue Zustandsgröße, **die Entropie**, eingeführt. Mit ihrer Hilfe kann man

- die Bedingungen für Energieumwandlungen bestimmen und
- die Güte von Prozessen beurteilen, d.h. wieviele Verluste im Verhältnis zum Nutzen auftreten.

Die Entropie ist eine scheinbar „unanschauliche" Zustandsgröße. Näher betrachtet stößt man aber auch bei anderen Zustandsgrößen auf ähnlich Unanschauliches oder Widersprüche zwischen Anschauung und Erfahrung.

Verbale Formulierung des 2. Hauptsatzes und Definition der Entropie

Der zweite Hauptsatz definiert die Entropie über ihre Eigenschaften:

1. Jedes System besitzt eine extensive Zustandsgröße Entropie S.
2. Die Entropie eines Systems ändert sich
   a durch Wärmetransport *über die Systemgrenze*,
   b durch Stofftransport *über die Systemgrenze*, (a) und (b) nennt man die Entropieströme,
   c durch irreversible (nicht umkehrbare) Prozesse *im Inneren* des Systems (Entropieerzeugung).
3. Die mit der Wärmemenge dQ transportierte Entropiemenge ist $dS_Q = dQ/T$, wobei T die Temperatur des betrachteten Systems ist.
4. Die durch irreversible Prozesse erzeugte Entropie ist nie negativ. Sie verschwindet nur für reversible Prozesse.

Bedingungen für die Entropie, die sich daraus ergeben:

Aus 1: Jedes System besitzt eine *extensive* Zustandsgröße Entropie S:

Die Gesamtsumme der Entropie eines Systems, das aus verschiedenen Teilsystemen zusammengesetzt ist, ist die Summe der Entropien der Teilsysteme:

$$S_{Ges} = S_1 + S_2 + S_3 + \ldots$$

Die spezifische Entropie eines Systems ist:

$$s = \frac{S}{m}$$

Aus 3 und 4: Die mit der Wärmemenge dQ transportierte Entropiemenge ist:

$$dS_Q = \frac{dQ}{T}$$

Sie kann positiv oder negativ für ein System sein. Ihre Einheit ist J/K. Die durch irreversible Prozesse, insbesondere Reibung, erzeugte Entropie ist nie negativ, denn Reibungsarbeit äußert sich in einer inneren Erwärmung des Systems, nie durch eine Abkühlung:

$$dQ_R = dW_R \geq 0$$

$$dS_{W_R} = \frac{dQ_R}{T} = \frac{dW_R}{T} \geq 0$$

Die Entropie eines nach außen adiabaten (wärmedichten) Systems kann niemals abnehmen. Im „besten" Fall bleibt sie über der Zeit konstant:

$$(S_2 - S_1)_{adiabat} \geq 0$$

Die Entropieerzeugung verschwindet also nur für reversible und reibungsfreie Prozesse. Insgesamt erhalten wir für das Differential der Entropie:

$$dS = \frac{dQ + dW_R}{T}$$

Durch diese Definition ist die Entropie S genauso wie die Temperatur T eine vom Material unabhängige Zustandsgröße. Das betrachtete System muss insbesondere nicht homogen sein, denn die Entropie S_i beliebiger Materialien im System darf einfach addiert werden, um die Gesamtentropie S_{Ges} zu bestimmen.

Die Entropie als Zustandsgröße

Die Entropie dient der quantitativen Beschreibung der Gesamtveränderungen, die thermodynamische Prozesse auslösen. Genau wie alle anderen Zustandsgrößen

(Druck, Dichte und besonders Temperatur) wird sie aber über ihre Eigenschaften definiert und nicht aus der Anschauung.

Kann man sie trotzdem anschaulich machen?

Die Antwort lautet: Jein. Auf den ersten Blick scheint sie unanschaulicher zu sein als Druck und Temperatur. In Wirklichkeit sind aber gerade diese beiden nur scheinbar der Anschauung zugänglich, denn unser Nervensystem hat Rezeptoren dafür. Folglich glaubt unser Gehirn, mit diesen Größen etwas anfangen zu können. Ein Trugschluss, wie wir sehen werden. Fangen wir wieder mit der Temperatur an:

Postulat 1: Wir wissen was „heiss" (= hohe Temperatur) und „kalt" (= niedrige Temperatur) ist, weil wir dies fühlen können.

Wissen wir das wirklich? Können wir mit unserer Hand fühlen, ob zwei Körper die gleiche Temperatur haben? Machen Sie selbst ein Experiment:

Berühren Sie zunächst für einige Sekunden ein metallenes Tischbein oder ein anderes größeres Metallteil. Berühren Sie unmittelbar danach mit der gleichen Hand eine hölzerne Tischplatte oder ein Stück Styropor, beide müssen sich seit einiger Zeit im gleichen Raum befinden, wie das Metallteil. Meldet Ihr Gehirn Ihnen, dass beide Körper sich gleich warm anfühlen, also die gleiche Temperatur haben?

Nein: Keine Sorge, das ist normal!

Ja: Sie sollten einen Besuch beim Arzt in Betracht ziehen?

Haben die beiden Körper aus Holz und Metall die gleiche Temperatur?

Das „Gefühl" sagt nein, die physikalische Definition der Temperatur sagt aber klar ja. Erinnern wir uns:

Wenn zwei Körper im Wärmegleichgewicht sind, d.h. wenn sie keine Wärme miteinander austauschen, haben sie die gleiche Temperatur.

So ist die Temperatur *definiert*. Auch ohne eine Messung durchzuführen müssen beide Körper die gleiche Temperatur haben, denn sie waren lange genug einem dritten Körper, der Luft im Raum, ausgesetzt und sind im Wärmegleichgewicht.

Zweiter Erklärungsversuch:

Postulat 2: Die Temperatur ist ein Maß für die Energie des Körpers, also die schwingende und translatorische Bewegung der Atome und Moleküle.

Nicht schlecht, aber auch nicht richtig.

Wenn das so wäre, bräuchte man erstens die innere Energie nicht als selbständige Zustandsgröße und zweitens erklärt das überhaupt nicht, warum gerade siedendes Wasser von 100°C und gerade kondensierender Wasserdampf von 100°C zwar die gleiche Temperatur haben (sie können also von sich aus keine Wärme miteinander austauschen), aber von der inneren Energie her in einem völlig anderen (wirklich *völlig* anderen) Zustand sind. Von den unterschiedlichen Auswirkungen auf die Haut bei Berührung ganz zu schweigen.

Warum trügen uns unsere Sinne also schon so sehr beim Temperaturbegriff?

In Wirklichkeit fühlen wir gar nicht die Temperatur, sondern den Wärmeübergang (Wärmemenge) über die Haut. Aus einer hohen Wärmemenge schließt das Gehirn auf eine hohe Temperaturdifferenz. Im Allgemeinen ist das sogar richtig, manchmal aber völlig falsch, wie wir gesehen haben. In Wirklichkeit fühlen wir also gar keine Temperatur, sondern ein Gemisch aus Temperatur und Wärmestrom.

Oder (wie beim kalten Metall und dem Holz!) sogar nur den Entropiestrom, denn es gilt:

Wärmestrom zum Holz < Wärmestrom zum Metall:

$$dQ_H < dQ_M$$

Holztemperatur = Metalltemperatur

Entropiestrom zum Holz < Entropiestrom zum Metall:

$$dS_H = dQ_H/T < dS_M = dQ_M/T$$

Als „kalt" haben wir daher in Wirklichkeit den größeren Entropiestrom und nicht die kleinere Temperatur empfunden!

Beispiel für die Verwendung der Entropie und des 2. Hauptsatzes

Wir langen mit der Hand bei einer Umgebungstemperatur von 6°C ein kaltes Metallgeländer an. Unsere Hand hat gerade 37°C. Die Berührung sei gerade lange genug, dass eine Wärmemenge von 31 J von unserer Hand auf das Metallgeländer übertragen wird (Abb. 5.1).

1. Wie groß ist der Entropiestrom aus unserer Hand (System 1)?
2. Wie groß ist der Entropiestrom in das Metall (System 2)?
3. Wie groß ist die Entropieänderung „des Universums"?
4. Kann ich den Vorgang rückgängig machen?

Mit dem Zusatz in der dritten Frage „des Universums" ist ein umschließendes, nach außen adiabates Gesamtsystem gemeint.

1. Wie groß ist der Entropiestrom aus der Hand (System 1)?

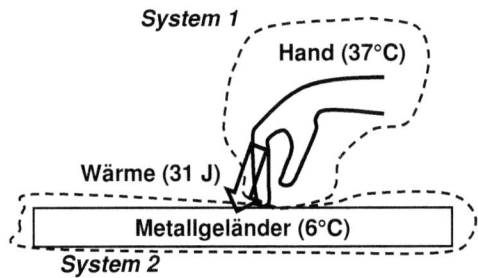

Abbildung 5.1 Wärmeübertragung von der Hand auf das Geländer.

Der Vorgang ist reibungsfrei, es ist nur Wärmeübertragung im Spiel:

$$dS_H = dQ/T_H$$

Insgesamt werden die Temperaturen der beiden Körper nur gering verändert, so dass die direkte Integration erlaubt ist:

$$\Delta S_H = \Delta Q/T_H$$

Hierbei ist für die Hand $\Delta Q = -31 J$ negativ, weil die Wärme die Hand verlässt. Mit T_H = 37 + 273 K = 310 K (Achtung: Immer die absolute thermodynamische Temperatur einsetzen!) wird der Entropieverlust der Hand:

$$\Delta S_H = -31 \text{ J}/310 \text{ K} = -1/10 \text{ J/K}$$

Beachten Sie: Woraus eine Hand besteht, ist bei der Berechnung ihrer Entropieänderung unerheblich!

2. Wie groß ist der Entropiestrom in das Metall (System 2)?

$$dS_M = dQ/T_M$$
$$\Delta S_M = \Delta Q/T_M$$

Hierbei ist $\Delta Q = +31 J$ positiv, weil die Wärme in das Metall geht. Mit T_M = 6°C + 273 K = 279 K wird:

$$\Delta S_M = +31 \text{ J}/279\text{K} = +1/9 \text{ J/K}$$

3. Wie groß ist die Entropieänderung des Universums?

Die Entropie ist eine extensive Zustandsgröße. Ihre Gesamtänderung ergibt sich daher als Summe der Änderungen *aller* beteiligter Teilsysteme, die gemeinsam ein nach außen adiabates Gesamtsystem bilden, in diesem Fall sind das nur die Hand und das Geländer:

$$\Delta S_{Ges} = -1/10 \text{ J/K} + 1/9 \text{ J/K} = +1/90 \text{ J/K}$$

4. Kann ich den Vorgang rückgängig machen?

Nein, da insgesamt bei dem Vorgang die Entropie zugenommen hat. Es gibt keine Möglichkeit diesen Vorgang vollständig umzukehren. Er ist irreversibel.

Anmerkung: Es wurde angenommen, dass die Temperaturänderungen der Hand und des Geländers vernachlässigbar klein sind. Sonst hätte natürlich über dem Temperaturverlauf von Hand und Geländer integriert werden müssen.

2. Hauptsatz für reibungsfreie Systeme Die selbe Wärmemenge führt also bei einer niedrigeren Temperatur zu einer größeren Entropieänderung als bei einer höheren Temperatur (Abb. 5.2 oben).

$$TdS = dQ$$

$$\int_1^2 TdS = Q$$

2. Hauptsatz für reibungsbehaftete Systeme Zur Entropieströmung aufgrund des Wärmeeintrages über die Systemgrenze kommt hier noch die irreversible Entropieerzeugung durch Reibungsarbeit im System (Abb. 5.2 unten).

$$TdS = dQ + dW_R$$

$$\int_1^2 TdS = Q + W_R$$

Auch hier ist die Entropieänderung umso größer, je niedriger die absolute Temperatur des Systems ist

Der 2. Hauptsatz, formuliert nur mit Zustandsgrößen

Die Verknüpfung mit dem ersten Hauptsatz ist am besten in differentieller Form handhabbar. Bei einem geschlossenen System kann äußere Arbeit nur durch die

reibungsfrei:
$$dQ = TdS$$
$$Q = \int_1^2 TdS$$

reibungsbehaftet:
$$dW_R + dQ = TdS$$
$$W_R + Q = \int_1^2 TdS$$

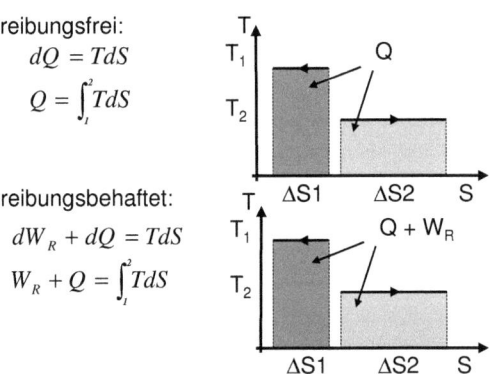

Abbildung 5.2 Wärme, Reibung und Entropie.

Volumenveränderung des Systems (Volumenänderungsarbeit W_V) und Reibung verrichtet werden:
$$W_V = -\int pdV$$

1.Hauptsatz (geschlossenes System):
$$Q + W = \Delta U$$
$$W = W_V + W_R = W_V + |W_R| = -\int pdV + |W_R|$$

1. Hauptsatz (geschlossenes System) differenzieren:
$$dQ - pdV + dW_R = dU$$

Zusammen mit dem 2. Hauptsatz erhält man:
$$TdS = dQ + dW_R = dU + pdV$$

Alle Zustandsgrößen müssen ein totales Differential haben und sich durch das totale Differential zweier anderer Zustandsgrößen darstellen lassen. Hieraus ergibt sich eine andere Definition der Entropie:

Die Entropie ist eine Zustandsgröße, deren totales Differential durch
$$dS = \frac{dU + pdV}{T}$$
gegeben ist.

6 Zustandsänderungen von Systemen

Reversible und irreversible Zustandsänderungen

Als „reversibel" bezeichnet man eine Zustandsänderung, deren Auswirkungen auf ein System und seine Umgebung in *allen* Zustandsgrößen wieder rückgängig gemacht werden können, die Entropie eingeschlossen. Ist dies nicht möglich, spricht man von einer irreversiblen Zustandsänderung. Nachdem die Reversibilität in der Realität prinzipiell für keine Zustandsänderung gelten kann, gibt es also wirklich reversible Zustandsänderungen gar nicht. Sie sind aber der anzustrebende Grenzfall realer Zustandsänderungen mit möglichst geringer Auswirkung auf das System und seine Umgebung. In unserem Fall ist das nicht weniger als unser Planet und seine Atmosphäre. Die Höhe der Gesamtentropiezunahme eines Vorgangs kann als objektiver Maßstab für Umwelt- und Klimaschutz verwendet werden.

Nichtumkehrbarkeiten (Irreversibilitäten) werden durch zwei Kernmechanismen hervorgerufen:

- Vorgänge, die mit Reibung verbunden sind,
- Vorgänge, bei denen eine Wärmeübertragung mit endlicher Temperaturdifferenz stattfindet.

Vollständig umkehrbare Vorgänge müssen daher **beide** Effekte ausschließen.

Die Entropieerzeugung eines nach außen adiabaten Gesamtsystems ist ein Maß für den „Gesamtschaden", den ein Vorgang auslöst (Höhe der Unumkehrbarkeiten). Nur Vorgänge, die ausschließlich aus reversiblen Einzelschritten zusammengesetzt sind, haben keinen negativen Einfluss auf ihre Umwelt (Entropieerzeugung ist Null). Es gibt keinen bekannten physikalischen Vorgang, der einmal erzeugte Entropie wieder vernichten könnte[2].

Umgekehrt kann man folgern:

Auch thermodynamische Vorgänge können im Grenzfall umkehrbar werden, wenn sie

- ohne Reibung ablaufen und (!)
- ein eventueller Wärmeübergang mit unendlich kleiner Temperaturdifferenz abläuft.

Aus diesen Randbedingungen kann man nun einzelne Zustandsänderungen von

---

[2]Bei schwarzen Löchern ist allerdings fraglich, was „da drinnen" mit der Entropie der einfallenden Materie passiert.

Stoffen definieren, die für sich alleine betrachtet bereits reversibel sind. Eine notwendige, aber offensichtlich nicht hinreichende Bedingung ist die Reibungsfreiheit.

Reibungsfreiheit Reibungsfreiheit bedeutet bei mechanischen Vorgängen dass eine Relativbewegung zweier Körper zueinander trotz einer Kraft-Wechselwirkung zwischen den Körpern verlustfrei abläuft. Beispiel ist die Gravitationswirkung zwischen Planeten und der Sonne.

In der Regel werden mechanische Kräfte aber durch direkte Berührung vermittelt (außer: Kraftübertragung durch Felder, z.B. elektrisch, magnetisch, gravitativ). In diesen Fällen geht praktisch immer ein mehr oder weniger großer Anteil der mechanischen Arbeit in Reibungsarbeit, also in einen Verlust, über.

Beispiele für Reibeffekte:

- Festkörperreibung zwischen zwei relativ zueinander bewegten Festkörpern.
- Flüssigkeitsreibung, z.B. im Schmierfilm (flüssig oder gasförmig) zwischen zwei Festkörpern durch Scherung der Flüssigkeit.
- Innere Reibung, vor allem in Gasen bei Scherbewegungen aber auch bei Expansion und Kompression durch dabei lokal entstehende Temperaturunterschiede.

Flüssigkeits- oder allgemeine Fluidreibung Ein Fluid ist eine allgemeine Flüssigkeit, deren Verhalten sich einheitlich beschreiben lässt. Nachdem Gase und tropfbare Flüssigkeiten wie Wasser, Öl etc. strömungsmechanisch und thermodynamisch ein vergleichbares Verhalten aufweisen, fasst man sie unter diesem Oberbegriff zusammen. Flüssigkeitsreibung entsteht durch schichtförmige Relativbewegung (Scherbewegung) und entsprechende Scherkräfte in der Flüssigkeit. Das gilt genauso für Gase.

Die Arbeit, die diese Scherkräfte verrichten (Kraft mal Weg) geht in innere Energie über und ist die dissipierte Reibungsarbeit.

Beispiel: Scherbewegung im Schmierfilm zwischen zwei Platten (Abb.6.1)

Eine obere Platte wird mit der Geschwindigkeit C verschoben, die untere Platte wird festgehalten. Zwischen den Platten im Abstand e wird der Schmierfilm Scherkräften unterworfen. Die Scherspannung τ ist proportional zum lokalen Geschwindigkeitsgradienten. Die Proportionalitätskonstante ist die dynamische Zähigkeit η.

$$\tau = \eta \frac{dc}{dy}$$

Im skizzierten Fall ist der Geschwindigkeitsgradient gerade gleich der Verschiebegeschwindigkeit der Platte C dividiert durch den Plattenabstand e:

$$\tau = \eta \frac{C}{e}$$

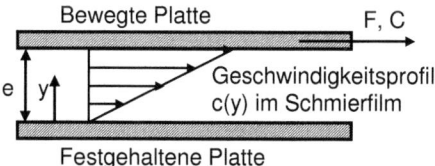

Abbildung 6.1 Schmierfilm zwischen zwei Platten

Die Reibungskraft ist die Kraft, die zum Verschieben der Platte benötigt wird und damit Schubspannung mal Plattenfläche A:

$$F_R = \tau A = \eta \frac{C}{e} A$$

Die Reibungsleistung ist Reibkraft mal Verschiebegeschwindigkeit:

$$P_R = F_R C = \tau A C = \eta \frac{C^2}{e} A$$

Bei diesem adiabaten Vorgang wird im Fluid mit einer Temperatur T ein Entropiestrom erzeugt:

$$\dot{S} = \frac{P_R}{T} = \eta \frac{C^2}{e} \frac{A}{T} > 0$$

Der Strömungsvorgang ist definitiv irreversibel.

Wirkung der Zähigkeit Ein Vorgang, bei dem in einer Flüssigkeit oder einem Gas Geschwindigkeitsgradienten (Unterschiede) auftreten, ist daher nie reibungsfrei, wenn das Fluid eine Zähigkeit η verschieden von null besitzt.

Flüssigkeitsreibung Bei tropfbaren Flüssigkeiten wird die Zähigkeit ähnlich wie die Reibung zwischen zwei Festkörpern durch den direkten Kontakt der Flüssigkeitsteilchen hervorgerufen. Bei einer Flüssigkeit entfernen sich mit der Temperatur die Moleküle wegen der Ausdehnung voneinander, so dass die Zähigkeit von tropfbaren Flüssigkeiten mit steigender Temperatur im Allgemeinen abnimmt.

Gasreibung Bei Gasen wird die Zähigkeit dagegen durch die starke thermische Bewegung der Moleküle auch quer zur Strömungsrichtung ausgelöst. Die Gasmoleküle können wegen der hohen freien Weglänge allein temperaturbedingt tief in benachbarte Schichten vordringen und transportieren ihren Impuls in diese Schichten. Dringt ein schnelles Teilchen aufgrund der Brown'schen Molekularbewegung in den Bereich langsamerer Teilchen ein (Abb. 6.2, das Teilchen geht von oben nach unten), gibt es durch Stöße Impuls an die langsamen Teilchen ab und beschleunigt diese. Dieser Impulsaustausch quer zur Strömungsrichtung löst die Zähigkeitskraft in Gasen aus. Der direkte Kontakt der Gasmoleküle untereinander spielt dagegen für die Zähigkeit keine Rolle, dazu sind einzelne Gasmoleküle viel zu weit voneinander entfernt. Nachdem die thermische Bewegung mit steigender Temperatur zunimmt, wird auch dieser Impulsaustausch mit steigender Temperatur stärker. Folglich nimmt bei Gasen die Zähigkeit mit steigender Temperatur im Allgemeinen zu, bei tiefen Temperaturen ist sie dagegen kleiner.

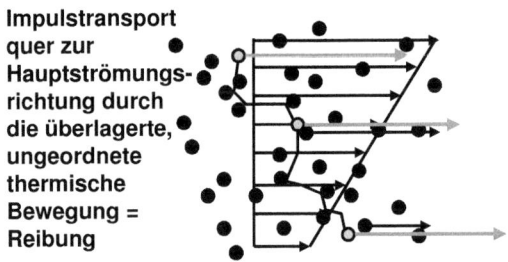

Abbildung 6.2 Reibung durch thermische Bewegung der Moleküle.

Bei Gasen und Flüssigkeiten unter extrem tiefer Temperatur nahe dem absoluten Nullpunkt wird der Impulsaustausch durch einen quantenmechanischen Effekt unterdrückt. Daher verhalten sich solche Medien fast perfekt reibungsfrei (Supraflüssigkeiten).

Innere Reibung in Gasen Ein ähnlicher Mechanismus des Impulsaustausches führt bei Gasen auch ohne eine Scherbewegung zu einem Impulsaustausch und zu innerer Reibung, beispielsweise bei Kompressionen und Expansionen. Diesem Effekt wird die Reibung durch Scherung noch überlagert (an den Wänden der Maschinen, die die Expansion durchführen). Bereits Temperaturunterschiede im Gas führen zu einem Impulsaustausch und daher zu einer inneren Reibkraft und zu Entropieerzeugung in Gasen.

Thermodynamische Zustandsänderungen und Reibungsfreiheit

Thermodynamische Zustandsänderungen sind auch beim Fehlen mechanischer Reibung (z.B. Festkörperreibung zwischen Kolben und Zylinder) aufgrund des inneren Impulsaustausches durch die thermische Bewegung nie vollständig reibungsfrei. Reibungsfreiheit ist daher immer ein idealisierter Grenzfall realer Bedingungen.

Nachdem Reversibilität Reibungsfreiheit verlangt, gibt es in der Realität keine reversible Zustandsänderung. Reversible Zustandsänderungen lassen sich aber als idealer Vergleichsfall für reale Zustandsänderungen oder Prozesse verwenden. Wir gehen daher von der idealen, reibungsfreien Zustandsänderung aus und konstruieren annähernd reversible Zustandsänderungen unter dieser Randbedingung.

Reversible Wärmeübertragung

Nachdem neben der Reibung auch die Wärmeübertragung zu Irreversibilitäten führt, müssen wir auch hierfür Bedingungen setzen, damit eine Zustandsänderung insgesamt reversibel wird. Die Entropieänderung eines Systems der Temperatur T ist

$$dS = \frac{dQ + dW_\mathsf{R}}{T}.$$

Der einfachste Fall ist daher, wenn eine Wärmeübertragung vollständig unterbunden wird, d.h die Zustandsänderung adiabat (wärmedicht) abläuft:

$$dQ = 0$$

Eine reibungsfreie und gleichzeitig adiabat ablaufende Zustandsänderung ist somit reversibel:

$$dS = \frac{dQ + dW_\mathsf{R}}{T} = 0$$

bzw.

$$\Delta S_S = 0$$

Das adiabate und reibungsfreie System ist daher auch isentrop, es verändert seine Entropie nicht. Nachdem das adiabate System auch nach außen nicht im Wärmeaustausch mit seiner Umgebung steht, ist auch deren Entropieänderung null:

$$\Delta S_\mathsf{U} = 0$$

Andere Systeme sind nicht beteiligt, also ist der Gesamtvorgang immer umkehrbar, d.h. reversibel.

Adiabat / reibungsfreie Zustandsänderung Die Entropie des Arbeitsmediums, das einer solchen Zustandsänderung unterworfen wird, bleibt konstant, daher heißen solche Zustandsänderungen auch *adiabat/isentrope* Zustandsänderungen.

Anmerkung: die häufig verwendeten Begriffe „adiabate Zustandsänderung" und „isentrope Zustandsänderung" sind sprachliche Schlampigkeiten, denn beide Randbedingungen alleine kennzeichnen noch nicht die Reversibilität.

Beispiel 1: „Adiabate" Zustandsänderungen können durch Reibung irreversibel sein:

$$TdS = \underbrace{dQ}_{=0} + dW_R > 0$$

Das adiabate System steht nach außen nicht im Wärmeaustausch mit seiner Umgebung, daher ist deren Entropieänderung null:

$$dS_U = 0$$

Die Gesamtänderung der Entropie ist positiv, der Vorgang damit irreversibel:

$$dS + dS_U = dS > 0$$

Beispiel 2: „Isentrope" Zustandsänderungen können erzeugt werden, indem man die erzeugte Reibungswärme wieder nach außen an die Umgebung abführt. Das System sei isentrop aber nicht adiabat:

$$dS = 0$$
$$TdS = 0 = dQ + dW_R$$
$$dQ = -dW_R$$

Dem System wird daher notwendigerweise Wärme entzogen, die von seiner Umgebung aufgenommen werden muss:

$$dQ_U = -dQ = +dW_R$$

Damit nimmt die Entropie der ansonsten reibungsfreien Umgebung jetzt zu:

$$dS_U = \frac{dQ_U + \overbrace{dW_{R,U}}^{=0}}{T_U} = \frac{+dW_R}{T_U} > 0$$

Der Reibungsvorgang findet zwar im System und nicht in der Umgebung statt, trotzdem erhöht er deren Entropie! Die Gesamtentropie steigt auch hier, auch dieser Vorgang ist irreversibel:

$$dS + dS_U = dS_U > 0$$

Nicht adiabat / reibungsfreie Zustandsänderung Auch nicht adiabate Zustandsänderungen können im Idealfall reversibel werden, wenn man die Wärmeübertragung bei unendlich kleiner Temperaturdifferenz ablaufen läßt. Am Beispiel der Hand auf dem kalten Geländer hatten wir gesehen, dass jede Temperaturdifferenz zwischen den beteiligten Körpern zu einer Entropieerzeugung bei dem Vorgang führt, denn der wärmeaufnehmende Körper hat immer eine geringere Temperatur als der wärmeabgebende Körper (Abb. 6.3 a):

$$T_K < T_H$$

Die Gesamtentropieänderung ist daher immer positiv, wenn diese Bedingung gilt:

$$dS_K + dS_H = \frac{dQ}{T_K} + \frac{-dQ}{T_H} = dQ\left(\frac{1}{T_K} - \frac{1}{T_H}\right) = \frac{dQ}{T_K}\left(1 - \frac{T_K}{T_H}\right) > 0$$

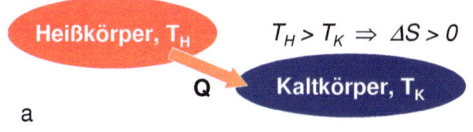

a

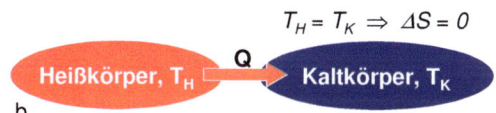

b

Abbildung 6.3 Wärmeübertragung (a) mit Temperaturdifferenz, (b) ohne Temperaturdifferenz.

Nur wenn die Temperaturdifferenz zwischen beiden Körpern sehr klein ist und im Grenzfall gegen Null geht, wird auch die Entropieproduktion Null (Abb. 6.3 b):

$$T_K = T_H$$

$$dS_K + dS_H = \frac{dQ}{T_K}\left(1 - \frac{T_K}{T_H}\right) = 0$$

Eine solche Zustandsänderung könnte beispielsweise auch **isotherm** ablaufen.

Eine isotherme und reibungsfreie Zustandsänderung ist genau dann reversibel, wenn der wärmeabgebende Körper und der wärmeaufnehmende Körper die gleiche Temperatur haben. Solche Zustandänderungen verlangen im Grenzfall eine

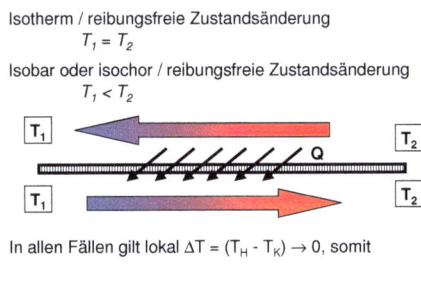

Abbildung 6.4 Wärmeübertragung am sehr großen Wärmetauscher.

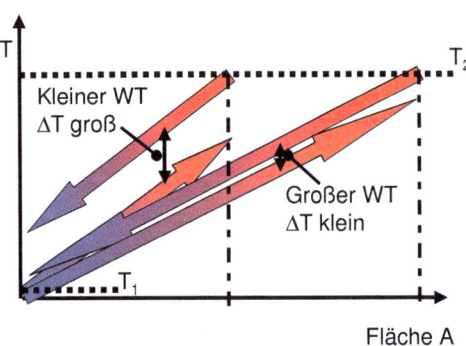

Abbildung 6.5 Wirkung der Fläche des Wärmetauschers.

unendlich große Fläche für den Wärmeaustausch (Abb. 6.4, im isothermen Fall gilt $T_1 = T_2$). Für effiziente Wärmeübertragung ist daher die Vergrößerung der wärmeübertragenden Fläche die mit Abstand wichtigste Methode. Wenn k die Wär-

medurchgangszahl ist, also die Fähigkeit des Wärmetauschers pro Flächeneinheit einen Wärmestrom zu übertragen, dann ist der Wärmestrom

$$\dot{Q} = kA\Delta T$$

und die notwendige Temperaturdifferenz zwischen den beiden im Wärmeaustausch stehenden Seiten des Wärmetauschers sinkt mit wachsender Fläche A (Abb. 6.5):

$$\Delta T = \frac{\dot{Q}}{kA}$$

$$\lim_{A \to \infty} \Delta T = \lim_{A \to \infty} \frac{\dot{Q}}{kA} = 0$$

Aus dieser Bedingung lassen sich weitere reversible Zustandsänderung konstruieren. Wenn man einen sehr großen, im Grenzfall unendlich großen Gegenstromwärmetauscher baut, findet der Wärmeaustausch für beide Arbeitsmedien zwar nicht isotherm statt, beide Medien sind aber trotzdem an jeder Stelle im Temperaturgleichgewicht (Abb. 6.4 und 6.5). Die Stoffströme auf beiden Seiten müssen dabei isobar oder isochor und reibungsfrei geführt werden, d.h. bei Fluiden i.d.R. möglichst langsam.

Isobar oder isochor / reibungsfreie Zustandsänderung: In realen Wärmetauschern läuft die Wärmeübertragung annähernd isobar, also bei konstantem Druck ab. Reibungseffekte würden einen Druckabfall verursachen, müssen aber bei der reversiblen Form der Zustandsänderung ohnehin ausgeschlossen werden. Einen Wärmeaustausch könnte man aber auch isochor, also bei konstantem spezifischen Volumen (gleich konstanter Dichte) ablaufen lassen. Bedingung für Reversibilität ist nur, dass Wärmeabgabe und Wärmeaufnahme jeweils lokal bei der gleichen Temperatur stattfinden, d.h. der Wärmetauscher muss eine sehr große Fläche aufweisen.

Zusammenfassung

Die angestrebten reversiblen Zustandsänderungen können also sein:

- Adiabat/isentrope Zustandsänderung
- Isotherm/reversible Zustandsänderung
- Isobar/reversibler Wärmeaustausch
- Isochor/reversibler Wärmeaustausch

Mit diesen unterschiedlichen Zustandsänderungen lassen sich thermodynamische Kreisprozesse zusammenstellen, die selbst wieder reversibel sind und mit denen sich maximal mögliche Nutzarbeiten oder Nutzenergien (z.B. Kälteerzeugung) erzielen lassen.

Irreversibilität realer Zustandsänderungen

Wie bereits im vorhergehenden Kapitel dargelegt, sind im Grunde alle realen Zustandsänderungen und Vorgänge irreversibel, d.h. unumkehrbar, denn die Summe aller Entropieveränderungen ist immer größer als null. Egal was man macht, irgendwo im System oder der Umgebung wird sich etwas in einer prinzipiell nicht mehr rückgängig zu machenden Weise geändert haben. Unser Ziel ist es immer, diese Auswirkungen zu minimieren. Die Entropie bietet die Möglichkeit einer Prozessoptimierung, denn sie erlaubt es, die ungünstigen Zustandsänderungen zu erkennen, zu bewerten und zu verbessern.

Zustandsdiagramme

Thermodynamische Zustände lassen sich grundsätzlich durch nur zwei voneinander unabhängige Zustandsgrößen eindeutig bestimmen. Dadurch ist es möglich, alle Zustandsänderungen in 2-dimensionalen Zustandsdiagrammen darzustellen. Man wählt für die Diagramme immer zwei geeignete aber unabhängige Zustandsgrößen aus und trägt sie übereinander auf.

Welche Zustandsgrößen man wählt, hängt vom Problem ab. Häufig verwendet man Diagramme bei denen auch die Fläche unter einer Kurve, also das Integral, eine physikalische Bedeutung hat. Ebenso von Bedeutung ist es, wenn Abstände, also Längen in den Diagrammen, ein Maß für die Arbeit oder Wärmemengen sind. Enthalpiedifferenzen können beispielsweise die *technische Arbeit* sein, die wir noch kennen lernen werden.

Das p-$V(v)$-Diagramm

Flächen unter der Kurve im p-$V(v)$-Diagramm stellen die (spezifische) Volumenänderungsarbeit dar, auf die p-Achse projizierte Flächen sind die (spezifische) Druckänderungsabeit (Abb. 6.6).

Das T-s-Diagramm

Flächen unter der Kurve im T-s-Diagramm stellen die Summe aus ausgetauschter Wärmemenge und der Reibungsarbeit dar (Abb. 6.7).

Das h-s-Diagramm

Enthalpiedifferenzen entsprechen bei adiabaten Zustandsänderungen der technischen Arbeit (Abb. 6.8), bei isobaren Zustandsänderungen der Wärmemenge.

Das $\log p$-h-Diagramm

Enthalpiedifferenzen entsprechen auch hier bei adiabaten Zustandsänderungen

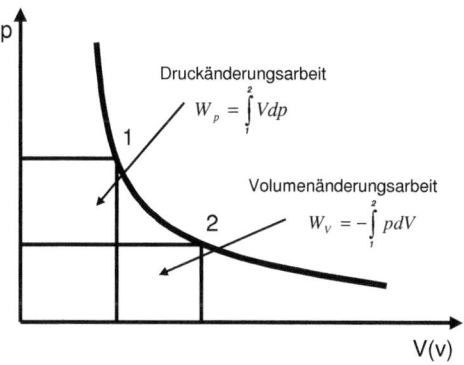

Abbildung 6.6 Das p-$V(v)$-Diagramm.

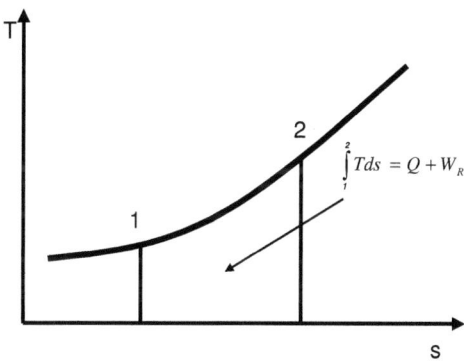

Abbildung 6.7 Das T-s-Diagramm.

der technischen Arbeit (Abb. 6.9), bei isobaren Zustandsänderungen der Wärmemenge.

Wichtige Zustandsänderungen idealer Gase

Die Abbildungen 6.10 und 6.11 zeigen für die fünf wichtigsten Zustandsänderungen zwischen zwei Drücken $p_1 > p_2$ und zwei Volumina $v_1 < v_2$ (d.h. $\rho_1 > \rho_2$) den

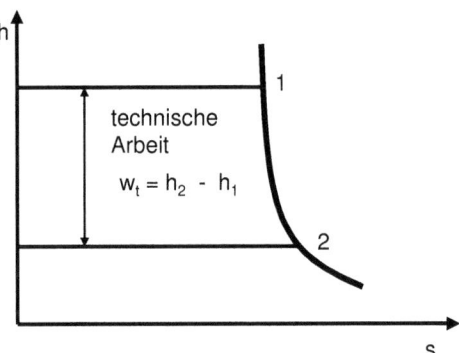

Abbildung 6.8 Das h-s-Diagramm.

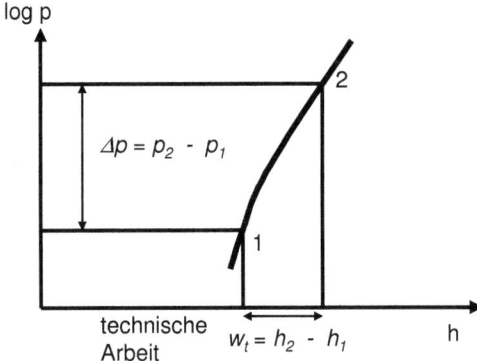

Abbildung 6.9 Das $\log p$-h-Diagramm.

Verlauf und die Endpunkte, jeweils ausgehend vom gleichen Anfangszustand 1. Die Verläufe sind dabei für ein ideales Gas dargestellt, Isotherme und Isenthalpe sind daher identisch.

Isochore Zustandsänderung

Eine Zustandsänderung, bei der das Volumen V und die darin eingeschlossene Masse m konstant bleiben, bei der also auch das spezifische Volumen v und die

Dichte ρ nicht geändert werden, heißt *isochore Zustandsänderung* mit $V =$ konst. bzw. $v =$ konst., Abbildungen 6.10 a und 6.11 a. Führt man einem Gefäß mit konstantem Volumen V Wärme zu, so steigen Druck p und Temperatur T. Arbeit wird jedoch dem Stoff (z.B. ein Gas) im Gefäß weder zu- noch abgeführt, da $dV = 0$ ist.

$$W_{V,12} = -\int_1^2 p\, dV = 0$$

Mit dem ersten Hauptsatz (geschlossenes System) wird:

$$Q_{12} + W_{12} = Q_{12} = \Delta U = U_2 - U_1 = mc_v\,(T_2 - T_1)$$

Wobei c_v die *spezifische Wärmekapazität bei konstantem Volumen* oder *isochore Wärmekapazität* ist. Aus der Zustandsgleichung für ideale Gase erhält man außerdem bei konstantem Volumen:

$$V_2 = V_1$$

$$\frac{RT_2}{p_2} = \frac{RT_1}{p_1}$$

$$T_2 = T_1 \frac{p_2}{p_1}$$

Für die ausgetauschte Wärme gilt:

$$Q_{12} = mc_v T_1 \left(\frac{T_2}{T_1} - 1\right) = mc_v T_1 \left(\frac{p_2}{p_1} - 1\right)$$

Hieraus kann man die Änderung des Druckes in Abhängigkeit von der zugeführten Wärme Q_{12} bestimmen.

Isobare Zustandsänderung

Eine Zustandsänderung, bei der der Druck p gleich bleibt, heißt *isobare Zustandsänderung* mit $p =$ konst., Abbildungen 6.10 b und 6.11 b. Führt man in einem Zylinder, der mit einem konstant belasteten Kolben verschlossen ist, einem Gas Wärme zu, so steigen Volumen und Temperatur. Dabei verrichtet das Gas Volumenänderungsarbeit W_V, weil es sich ausdehnt und dabei die Umgebung komprimiert (verschiebt).

$$W_{V,12} = -\int_1^2 p\, dV = -p \int_1^2 dV = -p\,(V_2 - V_1)$$

Mit dem ersten Hauptsatz (geschlossenes System) wird:

$$Q_{12} + W_{V,12} = U_2 - U_1 = mc_v\,(T_2 - T_1)$$

Aus der Zustandsgleichung für ideale Gase erhält man außerdem bei konstantem Druck:

$$p_2 = p_1 = p$$

$$V_2 = V_1 \frac{T_2}{T_1}$$

$$p(V_2 - V_1) = (mRT_2 - mRT_1) = mR(T_2 - T_1) = -W_{V,12}$$

Für die ausgetauschte Wärme gilt auf der Isobaren:

$$Q_{12} = mc_v(T_2 - T_1) + mR(T_2 - T_1) = mc_p(T_2 - T_1)$$

Hierbei ist

$$c_p = c_v + R$$

die *spezifische Wärmekapazität bei konstantem Druck* oder *isobare Wärmekapazität*. Somit gilt auch:

$$Q_{12} = mc_p T_1 \left(\frac{T_2}{T_1} - 1\right) = mc_p T_1 \left(\frac{V_2}{V_1} - 1\right)$$

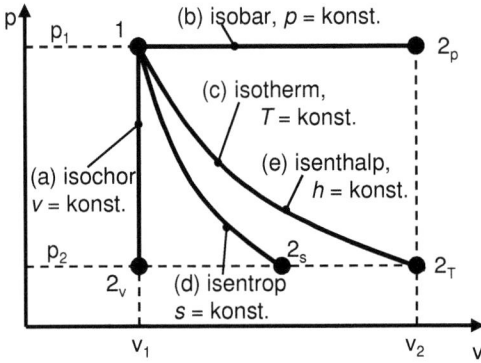

Abbildung 6.10 Das $p-v$-Diagramm für die fünf wichtigsten Zustandsänderungen: (a) isochor, (b) isobar, (c) isotherm, (d) isentrop, (e) isenthalp.

Isotherme Zustandsänderung

Eine Zustandsänderung, bei der die Temperatur T gleich bleibt, heißt *isotherme Zustandsänderung* mit $T =$ konst., Abbildungen 6.10 c und 6.11 c. Hierzu führt

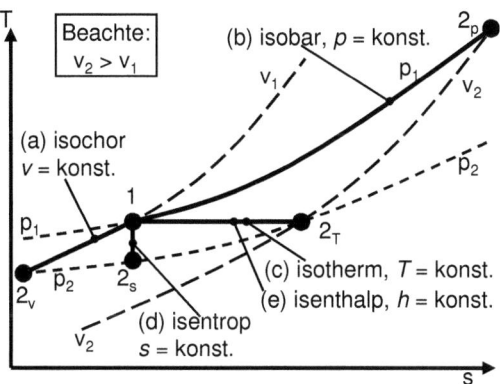

Abbildung 6.11 Das $T-s$-Diagramm für die fünf wichtigsten Zustandsänderungen: (a) isochor, (b) isobar, (c) isotherm, (d) isentrop, (e) isenthalp.

man einem Gas während einer Expansion in einem Zylinder permanent gerade soviel Wärme zu, dass die Temperatur konstant bleibt. Wahlweise kann man bei einer Kompression auch genauso viel Wärme entziehen, dass die Temperatur konstant bleibt. Aus der Zustandsgleichung für ideale Gase erhält man für konstante Temperatur:

$$p_1 V_1 = p_2 V_2 = mRT$$

$$V_2 = V_1 \frac{p_1}{p_2}$$

Mit dem ersten Hauptsatz (geschlossenes System) wird:

$$Q_{12} + W_{V,12} = U_2 - U_1 = mc_v(T_2 - T_1) = 0$$

Für die Volumenänderungsarbeit erhält man aus der Definition:

$$W_{V,12} = -\int_1^2 p\,dV = -\int_1^2 \frac{mRT}{V}dV = -mRT\int_1^2 \frac{1}{V}dV = -mRT\ln\left(\frac{V_2}{V_1}\right)$$

$$W_{V,12} = -mRT\ln\left(\frac{p_1}{p_2}\right)$$

Die ausgetauschte Wärme bei der Isothermen ist:

$$Q_{12} = -W_{V,12} = mRT\ln\left(\frac{p_1}{p_2}\right)$$

Isentrope Zustandsänderung

Eine Zustandsänderung, bei der die Entropie s gleich bleibt, heißt *isentrope Zustandsänderung* mit $s = $ konst., Abbildungen 6.10 d und 6.11 d. Diese Zustandsänderung ist entweder ideal, d.h. adiabat und reibungsfrei, oder eine nicht adiabate und reibungsbehaftete reale Zustandsänderung. Wenn man einem Gas während einer Expansion in einem Zylinder keine Wärme zu- oder abführt ($Q_{12} = 0$), den Zylinder also isoliert, spricht man von einer adiabaten Zustandsänderung. Ist sie zusätzlich auch reibungsfrei, erhält man die adiabat/isentrope Zustandsänderung. Eine reibungsbehaftete Zustandsänderung, bei der gerade genau soviel Wärme entzogen wird, wie in jedem Augenblick an Reibung entsteht, kann ebenfalls isentrop verlaufen, ohne ideal zu sein. Die Gleichungen können trotzdem unabhängig von der Herleitung mit der idealen Zustandsänderung (adiabat/isentrop) genauso verwendet werden, da sie nur auf der Randbedingung $s = $ konst. beruhen. Es gilt entweder für die adiabat und isentrop verlaufende Zustandsänderung

$$Q_{12} = W_{R,12} = 0$$

oder für die nicht adiabat und isentrop verlaufende Zustandsänderung

$$Q_{12} + W_{R,12} = 0$$

bzw.

$$Q_{12} = -W_{R,12}$$

Die Berechnung der Isentropen kann daher auf Basis der adiabat/reibungsfreien Zustandsänderung erfolgen. Die Volumenänderungsarbeit wird dabei nach dem ersten Hauptsatz nur aus der inneren Energie bestritten:

$$Q_{12} + W_{R,12} + W_{V,12} = W_{V,12} = U_2 - U_1 = mc_v(T_2 - T_1)$$

Aus der Zustandsgleichung für ideale Gase erhält man die Veränderung des Zustandes:

$$p_2 V_2 - p_1 V_1 = mRT_2 - mRT_1$$

Liegen die Zustände 1 und 2 nahe beieinander, erhält man hieraus die differentielle Änderung:

$$d(pV) = mR\,dT$$

Auch der 1. Hauptsatz kann zwischen zwei sehr nahe beieinander liegenden Punkten auf der Isentropen ausgewertet werden:

$$dQ + dW_R + dW_V = dU$$

$$dW_V = dU = mc_v\,dT$$

Hierbei ist die Volumenänderungsarbeit aus ihrer Definition:

$$dW_V = -pdV = mc_v dT$$

Das Differential der inneren Energie ist daher:

$$dU = mc_v dT = \frac{c_v}{R} d(pV)$$

Nach dem ersten Hauptsatz am geschlossenen System gilt außerdem

$$-pdV = dU$$

$$dU + pdV = 0$$

und wir können dU ersetzen sowie den zweiten Term um V erweitern:

$$\frac{c_v}{R} d(pV) + pV \frac{dV}{V} = 0$$

Nach Division durch pV liegt diese Differentialgleichung in getrennten Variablen vor (V und $pV \sim T$):

$$\frac{c_v}{R} \frac{d(pV)}{pV} + \frac{dV}{V} = 0$$

Die Lösung lautet daher

$$\frac{c_v}{R} \ln(pV) + \ln V = \text{konst.}$$

bzw. bei bestimmter Integration:

$$\frac{c_v}{R} \ln\left(\frac{p_2 V_2}{p_1 V_1}\right) + \ln\left(\frac{V_2}{V_1}\right) = 0$$

Der Vorfaktor des ersten Terms ist nur vom Isentropenexponenten κ abhängig:

$$\kappa = \frac{c_p}{c_v}$$

$$\frac{c_v}{R} = \frac{c_v}{c_p - c_v} = \frac{1}{\kappa - 1}$$

Wir erhalten schließlich:

$$\left(\frac{p_2 V_2}{p_1 V_1}\right)^{\frac{1}{\kappa-1}} = \left(\frac{V_1}{V_2}\right)$$

$$\left(\frac{p_2}{p_1}\right)^{\frac{1}{\kappa-1}} \left(\frac{V_2}{V_1}\right)^{\frac{\kappa}{\kappa-1}} = 1$$

$$\left(\frac{p_2}{p_1}\right)\left(\frac{V_2}{V_1}\right)^{\kappa} = 1$$

Das bedeutet
$$pV^{\kappa} = \text{konst.}$$

auf einer Isentropen. Zwischen Anfangs- und Endpunkt ergibt sich also:

$$\frac{p_2}{p_1} = \left(\frac{V_1}{V_2}\right)^{\kappa}$$

Aus dieser Gleichung kann man jetzt die anderen Zusammenhänge herleiten, z.B. zwischen T und V. Mit der idealen Gasgleichung ist:

$$\frac{p_2}{p_1} = \frac{V_1}{V_2}\frac{T_2}{T_1}$$

Eingesetzt erhalten wir:

$$\frac{V_1}{V_2}\frac{T_2}{T_1} = \left(\frac{V_1}{V_2}\right)^{\kappa}$$

$$\frac{T_2}{T_1} = \left(\frac{V_1}{V_2}\right)^{\kappa-1}$$

Ebenso lässt sich der Zusammenhang zwischen p und T herleiten:

$$\frac{T_2}{T_1} = \left(\frac{p_2}{p_1}\right)^{\frac{\kappa-1}{\kappa}}$$

Isenthalpe Zustandsänderung

Eine Zustandsänderung, bei der die Enthalpie h gleich bleibt, heißt *isenthalpe Zustandsänderung* mit $h = $ konst., Abbildungen 6.10 e und 6.11 e. Für ideale Gase ist die Enthalpie nur eine Funktion der Temperatur, daher sind isenthalpe und isotherme Zustandsänderungen gleich. Auch die Gleichungen zur Berechnung des Endzustandes sind identisch. Die Randbedingungen können aber ebenso wie bei der Isentropen unterschiedlich sein, insbesondere können Isotherme oder Isenthalpe reibungsfrei oder reibungsbehaftet mit Wärmeumsatz bis hin zu nach außen adiabater, vollständiger Dissipation sein. Eine adiabate Drosselstelle baut ohne äußeren Arbeitsumsatz Druck ab und dissipiert die Energie ganz oder teilweise durch innere Reibungsvorgänge. Nach dem 1. Hauptsatz für stationäre Fließprozesse gilt an einer Drossel:

$$\dot{Q} + P + \sum_{i=1}^{n} \dot{m}_i \left(h_i + \frac{c_i^2}{2} + gz_i\right) = \dot{U} + \dot{E}_a$$

Für die adiabate Drossel ohne äußeren Arbeitsumsatz im stationären Fall gilt $\dot{Q} = P = \dot{U} = \dot{E}_a = 0$, daher ist:

$$\sum_{i=1}^{n} \dot{m}_i \left(h_i + \frac{c_i^2}{2} + g z_i \right) = 0$$

Der Massenstrom tritt mit dem Zustand 1 ein und mit dem Zustand 2 wieder aus der Drossel aus, wobei der Betrag des Massenstroms $\dot{m}$ gleich groß ist. Unter Vernachlässigung der Änderung der potentiellen Energie $g(z_2 - z_1)$, was bei Gasen immer in sehr guter Näherung gilt, erhalten wir:

$$h_1 + \frac{c_1^2}{2} = h_2 + \frac{c_2^2}{2}$$

Wenn die Energie vollständig in Reibung dissipiert wird, ändert sich auch die kinetische Energie nicht ($c_1 = c_2$) und die Zustandsänderung ist isenthalp, bei idealen Gasen auch isotherm:

$$h_1 = h_2$$

Besitzt die Drossel dagegen einen gleich großen Querschnitt A am Eintritt und am Austritt, $A_1 = A_2$, dann wird bei Gasen wegen der geringeren Dichte bei Druckverringerung die Strömungsgeschwindigkeit größer, d.h. ein Teil der Energie bleibt noch als kinetische Energie nutzbar und wird nicht dissipiert:

$$\dot{m} = \rho_1 c_1 A_1 = \rho_2 c_2 A_2$$

$$c_2 = \frac{\rho_1}{\rho_2} c_1 > c_1$$

Dann ist die Zustandsänderung auch nicht isenthalp oder isotherm:

$$h_2 = h_1 + \frac{c_1^2}{2} - \frac{c_2^2}{2} = h_1 - \frac{c_2^2}{2} \underbrace{\left(1 - \frac{c_1^2}{c_2^2}\right)}_{>0} < h_1$$

Allgemein gilt daher für die **adiabate Drossel**:

$$h_2 = h_1 + \frac{c_1^2}{2} - \frac{c_2^2}{2}$$

Polytrope Zustandsänderung

Sowohl isentrope als auch isotherme Zustandsänderungen werden in der Realität nie genau erreicht. Die wirkliche Expansions- oder Kompressionslinie hat man früher durch eine allgemeine Hyperbel approximiert, deren Exponent n von κ verschieden ist. Heute wird allerdings eher mit isentropen Wirkungsgraden ohne genaue Bestimmung des Verlaufes einer Zustandsänderung gearbeitet, weil bei der Polytropen (Abb. 6.12 und 6.13) die Energiewerte Wärmemenge Q und Arbeit W im Allgemeinen nicht richtig berechnet werden. Die Polytrope wird daher hier nur der Vollständigkeit wegen erwähnt.

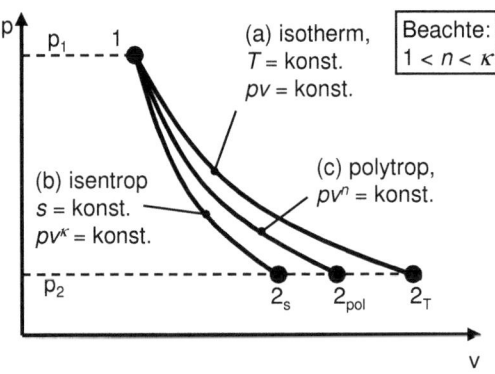

Abbildung 6.12 Das $p\text{-}v$-Diagramm für die polytrope Zustandsänderung.

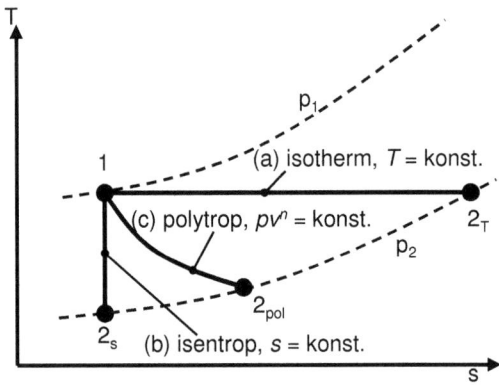

Abbildung 6.13 Das $T\text{-}s$-Diagramm für die polytrope Zustandsänderung.

$$pV^n = \text{konst.}$$

Die Polytrope mit $1 < n < \kappa$ verläuft zwischen der Isothermen und der Isentropen (Abb. 6.12 und 6.13). Die Zustandsänderung selbst gehorcht dann den folgenden Gleichungen:

$$\frac{T_2}{T_1} = \left(\frac{p_2}{p_1}\right)^{\frac{n-1}{n}}$$

$$\frac{T_2}{T_1} = \left(\frac{V_1}{V_2}\right)^{n-1}$$

Diese Zustandsänderung ist nicht adiabat, sondern verlangt einen externen Wärmeaustausch. Dieser ist:

$$Q_{12} = mc_v \frac{n-\kappa}{n-1}(T_2 - T_1)$$

Für die Volumenänderungsarbeit erhält man:

$$W_{V,12} = mc_v \frac{\kappa-1}{n-1}(T_2 - T_1) = \frac{mRT_1}{n-1}\left[\left(\frac{p_2}{p_1}\right)^{\frac{n-1}{n}} - 1\right]$$

Alle Zustandsänderungen lassen sich als Sonderfälle der polytropen Zustandsänderung darstellen, denn es ist:

$p = \text{konst}$	$n = 0$
$T = \text{konst}$	$n = 1$
Polytrope	$1 < n < \kappa$
Adiabat/Isentrope	$n = \kappa$
$V = \text{konst}$	$n \to \infty$

7 Verhalten idealer Gase

Definition idealer Gase

Ein ideales Gas oder ein Gemisch idealer Gase gehorcht der idealen Gasgleichung (vier gleichrangige Varianten):

$$pV = m_G R_G T$$

$$pv = R_G T$$

$$p = \rho R_G T$$

$$pV = n \bar{R} T$$

Hierbei ist n in der letzten Gleichung die Stoffmenge in kmol, d.h die Zahl der Gasmoleküle dividiert durch die Avogadrokonstante, und $\bar{R}$ die universelle Gaskonstante, die für alle idealen Gase gültig ist.

$$\bar{R} = 8314{,}4622 \frac{\text{J}}{\text{kmol K}}$$

Avogadrokonstante:

$$6{,}02214179 \cdot 10^{26} \frac{\text{Teilchen}}{\text{kmol}}$$

$$1 \text{ kmol} = 6{,}02214179 \cdot 10^{26} \text{ Teilchen}$$

Eigenschaft aller Zustandsgrößen

Eine Zustandsgröße im thermodynamischen Sinn liegt nur vor, wenn sich die absoluten Veränderungen der Größe nur durch zwei voneinander unabhängige andere Zustandsgrößen beschreiben lassen. Mathematisch gesprochen heißt das, das totale Differential jeder Zustandsgröße z hängt von zwei anderen Zustandsgrößen x und y in folgender Form ab:

$$dz = \left(\frac{\partial z}{\partial x}\right)_y dx + \left(\frac{\partial z}{\partial y}\right)_x dy$$

Der Index an den Klammern steht jeweils für die konstant gehaltene Größe. Die Enthalpie hängt daher mit Temperatur und Druck für reale und ideale Gase über folgende Beziehung zusammen:

$$dh = \left(\frac{\partial h}{\partial T}\right)_p dT + \left(\frac{\partial h}{\partial p}\right)_T dp$$

Ebenso gilt für die innere Energie in Abhängigkeit von Temperatur und spezifischem Volumen:

$$du = \left(\frac{\partial u}{\partial T}\right)_v dT + \left(\frac{\partial u}{\partial v}\right)_T dv$$

und für die Entropie:

$$ds = \left(\frac{\partial s}{\partial T}\right)_p dT + \left(\frac{\partial s}{\partial p}\right)_T dp$$

Aus diesen Beziehungen kann man nun die Zusammenhänge für ideale Gase herleiten.

Innere Energie und Enthalpie

Die innere Energie und die Enthalpie eines idealen Gases sind weder vom Druck noch vom spezifischen Volumen abhängig. Daher lassen sich diese beiden Zustandsgrößen bei idealen Gasen über die Wärmekapazitäten bestimmen. Diese sind wiederum ursprünglich nur die *partiellen* Differentiale der inneren Energie bzw. Enthalpie nach der Temperatur. Allgemein gilt für die Differentiale von Enthalpie und innerer Energie:

$$dh = \left(\frac{\partial h}{\partial T}\right)_p dT + \left(\frac{\partial h}{\partial p}\right)_T dp = c_p dT + \left(\frac{\partial h}{\partial p}\right)_T dp$$

Ebenso gilt für die innere Energie

$$du = \left(\frac{\partial u}{\partial T}\right)_v dT + \left(\frac{\partial u}{\partial v}\right)_T dv = c_v dT + \left(\frac{\partial u}{\partial v}\right)_T dv$$

Nachdem, jeweils bei konstanter Temperatur betrachtet, die partielle Änderung der inneren Energie mit dem Volumen genauso null ist wie die partielle Änderung der Enthalpie mit dem Druck, bleiben nur die Wärmekapazitäten übrig. Diese sind zwar eigentlich partielle Ableitungen, für ideale Gase aber gleichzeitig auch die Totalableitungen:

$$dh = \left(\frac{\partial h}{\partial T}\right)_p dT = c_p dT$$

$$du = \left(\frac{\partial u}{\partial T}\right)_v dT = c_v dT$$

$$\frac{dh}{dT} = \left(\frac{\partial h}{\partial T}\right)_p = c_p$$

$$\frac{du}{dT} = \left(\frac{\partial u}{\partial T}\right)_v = c_v$$

Deswegen dürfen die Zustandsgrößen innere Energie u und Enthalpie h bei idealen Gasen durch Integration der Wärmekapazitäten über der Temperatur ermittelt werden.

Dies gilt ausschließlich für ideale Gase, für reale Gase ist die Berechnung bei Weitem komplizierter!

Entropiedifferenz zwischen zwei Zustandspunkten

Die Entropie idealer Gase hängt immer von zwei Zustandsgrößen ab, daher müssen wir ihre Definition bei der Aufstellung des Zusammenhangs heranziehen. Zunächst gilt allgemein:

$$ds = \left(\frac{\partial s}{\partial T}\right)_p dT + \left(\frac{\partial s}{\partial p}\right)_T dp$$

Mit der Entropiedefinition sowie dem 1. Hauptsatz am geschlossenen System ist:

$$Tds = dq + dw_\mathsf{R} = du + pdv$$

Aus der abgeleiteten idealen Gasgleichung erhalten wir:

$$pdv + vdp = RdT$$

Den Term pdv können wir daher ersetzen:

$$Tds = du + pdv = du + RdT - vdp$$

Die innere Energie u hängt bei idealen Gasen nur von der Temperatur ab:

$$Tds = du + RdT - vdp = c_v dT + RdT - vdp = c_p dT - vdp$$

Wir erhalten für das Differential der Entropie:

$$ds = c_p \frac{dT}{T} - \frac{v}{T} dp = c_p \frac{dT}{T} - R \frac{dp}{p}$$

Es gilt daher für die partiellen Differentiale:

$$\left(\frac{\partial s}{\partial T}\right)_p = \frac{c_p}{T}$$

$$\left(\frac{\partial s}{\partial p}\right)_T = \frac{R}{p}$$

Die Entropiedifferenz eines idealen Gases zwischen zwei beliebigen Zustandspunkten 1 und 2, deren Druck und Temperatur gegeben ist, erhalten wir durch Integration der totalen Differentiale:

$$s_2 - s_1 = c_p \ln\left(\frac{T_2}{T_1}\right) - R \ln\left(\frac{p_2}{p_1}\right)$$

Die Entropiedifferenz in Bezug auf einen beliebig wählbaren Entropienullpunkt bei einer bestimmten Temperatur T_0 und einem bestimmten Druck p_0 (die offensichtlich weder 0 K noch 0 bar sein dürfen) ist:

$$s - s_0 = c_p \ln\left(\frac{T}{T_0}\right) - R \ln\left(\frac{p}{p_0}\right)$$

In gleicher Weise kann man die Beziehung zwischen Entropie, Temperatur und spezifischem Volumen herleiten. Wir gehen wieder von folgender Gleichung aus:

$$T ds = du + p dv = c_v dT + p dv$$

Diesmal ersetzen wir pdv allerdings nicht, sondern integrieren direkt:

$$ds = c_v \frac{dT}{T} + \frac{p}{T} dv = c_v \frac{dT}{T} + R \frac{dv}{v}$$

$$s_2 - s_1 = c_v \ln\left(\frac{T_2}{T_1}\right) + R \ln\left(\frac{v_2}{v_1}\right)$$

In Bezug auf den wählbaren Entropienullpunkt gilt:

$$s - s_0 = c_v \ln\left(\frac{T}{T_0}\right) + R \ln\left(\frac{v}{v_0}\right)$$

Die Beziehung zwischen Entropie, Druck und spezifischem Volumen ist schließlich:

$$T ds = du + p dv = c_v dT + p dv = \frac{c_v}{R} R dT + p dv = \frac{c_v}{R}(p dv + v dp) + p dv$$

$$T ds = \left(\frac{c_v}{R} + 1\right) p dv + \frac{c_v}{R} v dp = \frac{c_p}{R} p dv + \frac{c_v}{R} v dp$$

$$ds = \frac{c_p}{R} \frac{R}{v} dv + \frac{c_v}{R} \frac{R}{p} dp$$

$$ds = c_p \frac{dv}{v} + c_v \frac{dp}{p}$$

$$s_2 - s_1 = c_p \ln\left(\frac{v_2}{v_1}\right) + c_v \ln\left(\frac{p_2}{p_1}\right)$$

Bzw. in Bezug zum Entropienullpunkt:

$$s - s_0 = c_p \ln\left(\frac{v}{v_0}\right) + c_v \ln\left(\frac{p}{p_0}\right)$$

Sehr hilfreich sind diese drei Beziehungen, wenn man die Entropiedifferenz mit der Gaskonstanten normiert, d.h. dimensionslos macht. Die Faktoren auf der rechten Seite hängen dann nur noch vom Isentropenexponenten κ ab, der wesentlich besser konstant ist als c_v oder c_p. Beide tauchen in dieser Form gar nicht mehr auf:

$$\frac{s - s_0}{R} = \frac{\kappa}{\kappa - 1} \ln\left(\frac{T}{T_0}\right) - \ln\left(\frac{p}{p_0}\right)$$

$$\frac{s - s_0}{R} = \frac{1}{\kappa - 1} \ln\left(\frac{T}{T_0}\right) + \ln\left(\frac{v}{v_0}\right)$$

$$\frac{s - s_0}{R} = \frac{\kappa}{\kappa - 1} \ln\left(\frac{v}{v_0}\right) + \frac{1}{\kappa - 1} \ln\left(\frac{p}{p_0}\right)$$

Gasgemische idealer Gase

Wichtigste Grundregel:

In Gasgemischen idealer Gase verhalten sich die einzelnen Bestandteile so, als wenn alle anderen Gase gar nicht vorhanden wären.

Insbesondere

- nehmen sie *jeweils das gesamte verfügbare Volumen* V ein,
- haben die einzelnen Bestandteile die *gleiche Temperatur* T wie das Gemisch,
- stehen sie deshalb nur unter einem Teildruck, dem sogenannten *Partialdruck* p^i.

Berechnungsformeln

Ideale Gasgleichung Diese wenden wir für das Gemisch und die einzelnen Bestandteile an.

Für das Gemisch gilt:
$$pV = m_G R_G T$$

Für das Einzelgas gilt:
$$p^i V = m_i R_i T$$

Durch Division erhalten wir:
$$\frac{p^i}{p} = \frac{m_i}{m_G} \frac{R_i}{R_G}$$

Massenanteile Wir definieren nun die Massen- oder Gewichtsanteile g_i der einzelnen Gase am Gemisch:
$$m_G = \sum_i m_i$$

$$g_i = \frac{m_i}{m_G}$$

$$\sum_i g_i = \sum_i \frac{m_i}{m_G} = \frac{\sum_i m_i}{m_G} = 1$$

Daltonsches Gesetz Die Partialdrücke addieren sich bei idealen Gasen zum Gesamtdruck des Gemisches:
$$\sum_i p^i = p$$

Gaskonstante des Gemisches Mit dem Daltonschen Gesetz kann die Gaskonstante des Gemisches aus den Gaskonstanten der Einzelgase ermittelt werden:
$$p^i = \frac{m_i R_i T}{V}$$

$$p = \sum_i p^i = \sum_i \frac{m_i R_i T}{V} = \frac{m_G R_G T}{V} \sum_i \frac{m_i R_i}{m_G R_G} = p \sum_i g_i \frac{R_i}{R_G}$$

Somit gilt:
$$R_G = \sum_i g_i R_i$$

Für alle Gase gilt zusätzlich
$$R_i = \frac{\bar{R}}{M_i}$$

wobei

- R_i die individuelle Gaskonstante [J/kgK] des Gases i,
- $\bar{R}$ die universelle Gaskonstante = 8314 J/kmolK,
- M_i die Molmasse [kg/kmol] des Gases i

ist.

Dies gilt auch für Gasgemische, also:

$$R_G = \frac{\bar{R}}{M_G}$$

Misst man die Gasmenge in Molen (=Teilchenzahl), so gilt:

$$n_i = \frac{m_i}{M_i}$$

Weil die Summe aller Teilchen eines Gemischs auch die Gesamtsumme der Teilchen des Gemisches ist, gilt auch:

$$n_G = \sum_i n_i = \sum_i \frac{m_i}{M_i} = \sum_i \frac{p^i V}{R_i T M_i} = \sum_i \frac{p^i V}{\bar{R} T} = \sum_i \frac{p^i n_G}{p}$$

Somit:

$$1 = \sum_i \frac{p^i}{p}$$

Das Daltonsche Gesetz gilt also tatsächlich nur für ideale Gase.

Molmasse des Gemisches Nun kann man die Molmasse des Gemisches M_G bestimmen (eigentlich die mittlere oder äquivalente Molmasse):

$$n_G = \sum_i n_i = \frac{m_G}{M_G}$$

Mit r_i wird der Raum- oder Molanteil des Gases i am Gemisch bezeichnet:

$$r_i = \frac{n_i}{n_G}$$

$$\sum_i r_i = 1$$

Mit

$$p^i V = n_i \bar{R} T$$

und

$$pV = n_G \bar{R} T$$

wird:

$$r_i = \frac{n_i}{n_G} = \frac{p^i}{p}$$

Wir verwenden dies und die Gesamtmasse

$$m_G = \sum_i m_i$$

$$n_G M_G = \sum_i n_i M_i$$

$$M_G = \sum_i \frac{n_i}{n_G} M_i$$

und erhalten die Molmasse des Gasgemisches:

$$M_G = \sum_i r_i M_i$$

Umrechnung von Raumanteilen in Massenanteilen Die Raumanteile r_i der Einzelgase kann man jetzt unabhängig voneinander in die Massenanteile g_i umrechnen und umgekehrt. Wir gehen von der Definition des Massenanteils aus

$$g_i = \frac{m_i}{m_G} = \frac{n_i M_i}{n_G M_G}$$

und erhalten:

$$g_i = r_i \frac{M_i}{M_G}$$

Der Name Raumanteile kommt übrigens daher, dass man ein Gasgemisch auch erzeugen kann, indem man die unterschiedlichen Gase zunächst getrennt voneinander in Kammern der Volumina V_i unter gleichem Druck p und gleicher Temperatur T aufbewahrt. Nimmt man nun die Trennwände heraus, vermischen sich die Gase und weil sie bereits zuvor im thermodynamischen Gleichgewichtszustand waren (p und T waren gleich) hat auch das Gemisch hinterher den Druck p und die Temperatur T. Beim Vermischen dürfen dabei natürlich keine chemischen Reaktionen der Gase untereinander eintreten. Das Bilden eines Gasgemisches entspricht dem folgenden Versuch mit zwei Gasen nach Abbildung 7.1.

Die Gase liegen zunächst getrennt vor, d.h. die Gasgleichung liefert:

$$pV_1 = n_1 \bar{R} T$$

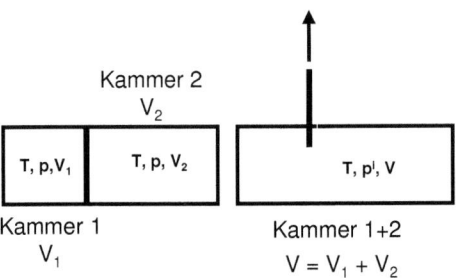

Abbildung 7.1 Bildung eines Gasgemisches aus zwei Gasen.

$$pV_2 = n_2 \bar{R} T$$

Nach dem Herausnehmen der Trennwand steht das Gesamtvolumen V zur Verfügung:

$$V = V_1 + V_2$$

Die Gasgleichung des Gemisches ist daher die Summe der Gasgleichungen der Einzelgase:

$$pV_1 + pV_2 = p(V_1 + V_2) = n_1 \bar{R} T + n_2 \bar{R} T = (n_1 + n_2)\bar{R} T$$

$$pV = n_G \bar{R} T$$

Nach dem Vermischen steht jedem Einzelgas jetzt das gesamte Volumen V zur Verfügung, dafür steht es nur noch unter dem geringeren Partialdruck:

$$p^i V = n_i \bar{R} T$$

Vergleichen wir dies mit der Gasgleichung vor der Mischung, erhalten wir den Zusammenhang zwischen den V_i und den p^i:

$$p^i V = p V_i$$

Die Raumanteile vor der Vermischung und die Molanteile nach der Vermischung sind daher gleich:

$$r_i = \frac{p^i}{p} = \frac{V_i}{V} = \frac{n_i}{n_G}$$

Die Mischung von Gasen ist immer irreversibel, also grundsätzlich unumkehrbar Die folgende Betrachtung gilt nicht nur für ideale, sondern auch für reale Gase. Die Mischung in obigem Versuch (Abb. 7.1) erfolgt nach außen adiabat und ohne Abgabe oder Aufnahme von Arbeit. Die gesamte innere Energie bleibt also erhalten:

$$Q + W = 0 = \Delta U = U_G - (U_1 + U_2)$$

Auch für das Einzelgas gilt dann $\Delta U_i = \Delta(m_i u_i) = m_i \Delta u_i = 0$. Die Mischung ist ein irreversibler Vorgang, denn jedes Einzelgas wird vom Ausgangsdruck p auf seinen Partialdruck p^i gedrosselt. Die Mischung ist isotherm und daher auch isenthalp:

$$h_i = h_G$$

Somit gilt nach dem 1. Hauptsatz:

$$dq + dw = dq + dw_\mathsf{V} + dw_\mathsf{R} = du = 0$$

Nach dem 2. Hauptsatz gilt für die Zustandsänderung jedes Einzelgases:

$$T ds_i = dq + dw_\mathsf{R} = du_i - dw_\mathsf{V} = p_i dv_i$$

Weil sich das spezifische Volumen v_i jedes einzelnen Bestandteiles vergrößert, der Druck p_i aber immer positiv ist, gilt für jeden Bestandteil:

$$ds_i > 0$$

Die Gesamtentropieänderung der adiabaten Mischung ist die Summe der Entropieänderungen der Einzelgase und daher ebenfalls immer positiv. Wir können also schließen:

Der Mischungsvorgang von Gasen ist immer irreversibel. Die Trennung der Bestandteile geschieht keinesfalls von selbst, sondern erfordert Prozesse, die einen äußeren Energie- oder Arbeitsaufwand erforderlich machen.

Mit Hilfe der zuvor hergeleiteten Entropiebeziehungen können wir auch die Entropiezunahme jedes Einzelgases bei der Mischung bestimmen. Jedes Gas wird isotherm vom Druck p auf den Druck p^i gedrosselt:

$$\frac{\Delta s_i}{R_i} = \frac{\kappa_i}{\kappa_i - 1} \ln\left(\frac{T}{T}\right) - \ln\left(\frac{p^i}{p}\right)$$

$$\Delta s_i = R_i \ln\left(\frac{p}{p^i}\right) > 0$$

Die Gesamtentropiezunahme bei der Vermischung von n Gasen ist daher:

$$\Delta s_{ges} = \sum_{i=1}^{n} R_i \ln\left(\frac{p}{p^i}\right) > 0$$

Einmal vermischte ideale Gase, egal wie unterschiedlich schwer die Bestandteile auch sind, entmischen sich also niemals von selbst. Am Boden herrscht keine merklich höhere Konzentration schwererer Luftbestandteile (Argon, Sauerstoff) als in großer Höhe!

Spezifische Wärmekapazitäten Für die Mischung in einem geschlossenen System (siehe Abb. 7.1) ist die gesamte innere Energie des Gemisches gleich der Summe aller inneren Energien seiner Bestandteile:

$$U_G = \sum_i U_i = \sum_i m_i u_i$$

$$m_G c_{v,G} T = \sum_i m_i c_{v,i} T$$

$$c_{v,G} = \sum_i g_i c_{v,i}$$

Mischt man mehrere Ströme von Gasen zu einem Gesamtstrom isotherm und isobar zusammen, bleibt auch die Gesamtenthalpie konstant:

$$H_G = \sum_i H_i = \sum_i m_i h_i$$

$$m_G c_{p,G} T = \sum_i m_i c_{p,i} T$$

Für die spezifischen Wärmekapazitäten des Gemisches erhält man:

$$c_{v,G} = \sum_i g_i c_{v,i}$$

$$c_{p,G} = \sum_i g_i c_{p,i}$$

Isentropenexponent Den Isentropenexponenten κ des Gemisches kann man *nicht* aus einer Summenformel nach dem Muster für die Wärmekapazitäten bestimmen! Er wird direkt aus den Wärmekapazitäten des Gemisches ermittelt:

$$\kappa_G = \frac{c_{p,G}}{c_{v,G}}$$

Beispiel: Trockene Luft als Gasgemisch

Zusammensetzung der Luft:

Stoff	Molanteil n_i	Molmasse M_i
Einheit		kg/kmol
Stickstoff	78,08 %	28,0135
Sauerstoff	20,95 %	31,9988
Argon	0,93 %	39,948
Kohlendioxid	0,04 %	44,010

Anmerkung: Alle anderen Stoffe außer Sauerstoff werden häufig zum sogenannten Luftstickstoff zusammengefasst. Dieser ist dann selbst ein Gasgemisch.

Molmasse des Gemisches:

$$M_G = \sum_i r_i M_i = 28,9658 \, \frac{\text{kg}}{\text{kmol}}$$

Massenanteile:

$$g_i = r_i \frac{M_i}{M_G}$$

Stoff	Molanteil n_i	Molmasse M_i	Massenanteil g_i
Einheit		kg/kmol	
Stickstoff	78,08 %	28,0135	75,51 %
Sauerstoff	20,95 %	31,9988	23,14 %
Argon	0,93 %	39,948	1,28 %
Kohlendioxid	0,04 %	44,010	0,06 %

Gaskonstante:

$$R_G = \frac{\bar{R}}{M_G} = 287,03 \, \frac{\text{J}}{\text{kg K}}$$

$$R_i = \frac{\bar{R}}{M_i}$$

Stoff	Molanteil n_i	Molmasse M_i	Massenanteil g_i	Gaskonstante R_i
Einheit		kg/kmol		J/kg K
Stickstoff	78,08 %	28,0135	75,51 %	296,79
Sauerstoff	20,95 %	31,9988	23,14 %	259,82
Argon	0,93 %	39,948	1,28 %	208,12
Kohlendioxid	0,04 %	44,010	0,06 %	188,91

8 Kreisprozesse

Kreisprozesse sind dadurch gekennzeichnet, dass ein Arbeitsmedium nacheinander unterschiedliche Zustandsänderungen durchläuft und am Ende eines Zyklus wieder im selben Zustand vorliegt wie zu Beginn. Ziel eines Kreisprozesses ist die kontinuierliche Gewinnung von Arbeit oder der Transport von Wärme entgegen der „natürlichen" Flussrichtung, also von kalt nach warm.

Man unterscheidet zwischen:

- Wärmekraftprozessen (rechtslaufende Kreisprozessen, Abb. 8.1 a)
- Kältemaschinenprozessen (linkslaufende Kreisprozessen, Abb. 8.1 b)

Der Drehsinn bezieht sich dabei auf die gängigen Diagrammtypen, z.B. p-v-Diagramm, T-s-Diagramm, h-s-Diagramm, $\log p$-h-Diagramm etc. Tauscht man etwa die Achsen gegeneinander aus, wäre natürlich auch der Drehsinn entgegengesetzt, z.B. bei einem v-p-Diagramm.

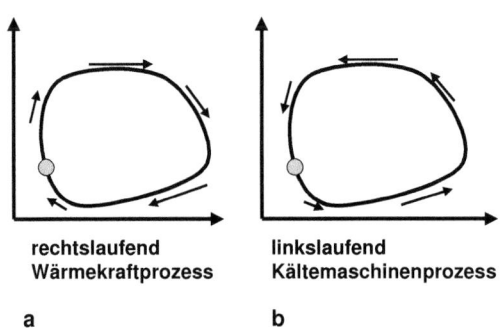

Abbildung 8.1 Kreisprozesse: (a) Wärmekraftprozess, (b) Kältemaschinenprozess.

Ein rechtslaufender Kreisprozess (Zustandsänderungen laufen im T-s Diagramm und im p-v Diagramm im Uhrzeigersinn ab) liefert Nutzarbeit und verbraucht Wärme eines Wärmereservoirs (Wärmekraftprozess).

Ein linkslaufender Kreisprozess (Zustandsänderungen laufen im T-s Diagramm und im p-v Diagramm gegen den Uhrzeigersinn ab) benötigt von Außen zuzuführende Arbeit und transportiert Wärme eines Kaltkörpers zu einem wärmeren

Körper (Kältemaschinenprozess).

Wärmekraftprozesse

Ein Wärmekraftprozess (Abb. 8.2) benötigt

- (mindestens) ein Wärmereservoir, von dem Wärme aufgenommen werden kann (Heißkörper),
- (mindestens) ein Wärmereservoir, an das Wärme abgegeben werden kann (Kaltkörper),
- ein Arbeitsmedium, das im geschlossenen Kreislauf zyklisch immer wieder in den gleichen Zustand gebracht wird.

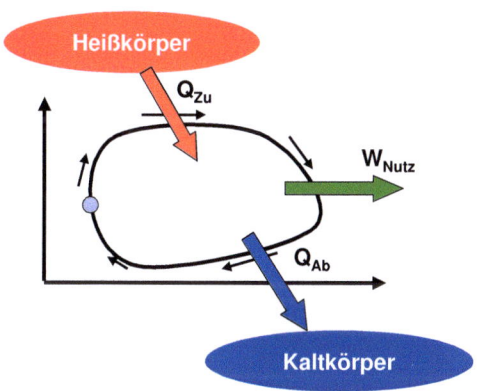

Abbildung 8.2 Wärmekraftprozess.

Beispiel (auch für Zustandsänderungen)

Ein Arbeitsmedium (Luft, R = 287 J/kgK, κ = 1,4) durchläuft ausgehend von T_1 = 288 K und p_1 = 1 bar folgende Zustandsänderungen:

1. Adiabat/isentrope Kompression auf 10 bar
2. Isotherme Expansion auf 1 bar
3. Adiabat/isentrope Expansion bis auf 288 K
4. Isotherme Kompression auf 1 bar

1. Skizzieren Sie den Vorgang im T-s-Diagramm.
2. Wie groß ist die Temperatur nach der adiabat/isentropen Kompression? Welche spezifische Arbeit wird dabei verrichtet?

3. Welche Arbeit wird bei der isothermen Expansion frei? Wie groß ist die zugeführte Wärmemenge?
4. Wie hoch ist der Druck nach der adiabat/isentropen Expansion? Welche Arbeit verrichtet das Gas dabei?
5. Welche Arbeit wird zur isothermen Kompression benötigt? Wie groß ist die abzuführende Wärmemenge?
6. Welche Arbeit wird bei dem Vorgang insgesamt frei? Wie groß ist die Differenz der zu- und abgeführten Wärme?

Aus den gegebenen Daten (R und κ) werden zunächst die anderen Stoffwerte bestimmt:

$$R = c_p - c_v$$

$$\kappa = \frac{c_p}{c_v}$$

$$R = \kappa c_v - c_v$$

$$c_v = R \frac{1}{\kappa - 1}$$

$$c_p = R \frac{\kappa}{\kappa - 1}$$

Hier ergeben sich $c_p = 1004,5$ J/kgK und $c_v = 717,5$ J/kgK.

1. Dieser spezielle Prozess heißt *Carnot-Prozess* (Abb. 8.3).

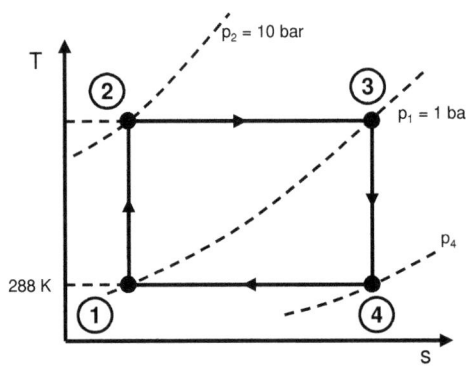

Abbildung 8.3 Carnotprozess im T-s-Diagramm.

2. Kontinuierliche adiabat/isentrope Kompression

$$\frac{T_2}{T_1} = \left(\frac{p_2}{p_1}\right)^{\frac{\kappa-1}{\kappa}} = (10)^{\frac{0,4}{1,4}} = 1,9307$$

Mit $T_1 = 288$ K (15°C) wird $T_2 = 556,0$ K (283°C).

Das Arbeitsmedium durchläuft kontinuierlich den Kreisprozess, d.h. jeder Schritt wird als stationärer Fließprozess berechnet. Die notwendige technische Arbeit w_t bei einer kontinuierlichen Kompression in einem Kreisprozess ist allgemein:

$$\dot{Q} + P + \sum_{i=1}^{2} \dot{m} \left(h_i + \frac{c_i^2}{2} + gz_i\right) = 0$$

$$w_t = -q + \left(h_2 + \frac{c_2^2}{2} + gz_2\right) - \left(h_1 + \frac{c_1^2}{2} + gz_1\right)$$

Unter Vernachlässigung der Veränderung der potentiellen Energie (Gase, $g(z_2 - z_1) \ll (h_2 - h_1)$) und der Veränderung der kinetischen Energie ($c_1 \approx c_2$) erhält man für die adiabate Kompression:

$$w_{t,12} = h_2 - h_1 = c_p(T_2 - T_1) = 269,2 \frac{\text{kJ}}{\text{kg}}$$

3. Auch hier gilt der 1. Hauptsatz für offene Fließprozesse, wobei sich die Enthalpie auf der Isothemen nicht ändert:

$$\dot{Q} + P + \sum_{i=1}^{2} \dot{m} \left(h_i + \frac{c_i^2}{2} + gz_i\right) = \dot{Q} + P = 0$$

$$w_t = q$$

Der Wärmestrom bei der Isothermen ist:

$$\dot{Q} = \dot{m}RT \ln\left(\frac{p_1}{p_2}\right)$$

Somit sind spezifische Arbeit und spezifische Wärme:

$$q_{23} = RT_2 \ln\left(\frac{p_2}{p_3}\right) = 367,43 \frac{\text{kJ}}{\text{kg}}$$

$$w_{t,23} = -367,43 \frac{\text{kJ}}{\text{kg}}$$

Die Wärme muss bei der isothermen Expansion zugeführt werden, die Arbeit wird frei.

4. Bei der nachfolgenden isentropen Expansion auf die Ausgangstemperatur (288 K) muss in den Unterdruckbereich expandiert werden:

$$\frac{T_4}{T_3} = \left(\frac{p_4}{p_3}\right)^{\frac{\kappa-1}{\kappa}}$$

$$\frac{p_4}{p_3} = \left(\frac{T_4}{T_3}\right)^{\frac{\kappa}{\kappa-1}} = \left(\frac{288}{556}\right)^{\frac{1,4}{0,4}} = 0,1$$

Damit ist $p_4 = 0,1$ bar.

Die Arbeit der Expansion wird wieder aus der Enthalpiedifferenz berechnet:

$$w_{t,34} = h_4 - h_3 = c_p(T_4 - T_3) = -269,2 \frac{\text{kJ}}{\text{kg}}$$

5. Bei der isothermen Kompression zurück auf 1 bar muss Arbeit aufgewendet werden, dafür wird Wärme abgeführt:

$$q_{41} = RT_1 \ln\left(\frac{p_4}{p_1}\right) = -190,32 \frac{\text{kJ}}{\text{kg}}$$

$$w_{t,41} = 190,32 \frac{\text{kJ}}{\text{kg}}$$

6. Die Summe aller Arbeiten der vier Prozessschritte ist:

$$w_{t,ges} = w_{t,12} + w_{t,23} + w_{t,34} + w_{t,41}$$

$$w_{t,ges} = (269,2 - 367,43 - 269,2 + 190,32)\frac{\text{kJ}}{\text{kg}} = -177,11 \frac{\text{kJ}}{\text{kg}}$$

Die Summe aller Wärmemengen ist:

$$q_{ges} = q_{12} + q_{23} + q_{34} + q_{41} = (0 + 367,43 + 0 - 190,32)\frac{\text{kJ}}{\text{kg}} = 177,11 \frac{\text{kJ}}{\text{kg}}$$

Das Ergebnis von Teil 6 ist kein Zufall. Dies kann man für beliebige Kreisprozesse aus dem 1. Hauptsatz herleiten.

Energiebilanz von Kreisprozessen

Jeder Kreisprozess stellt in sich ein geschlossenes System dar. Nachdem das Arbeitsmedium immer wieder am gleichen Zustandspunkt ankommt, ist seine gesamte Änderung der inneren Energie in der Summe immer Null. Daher gilt:

$$\sum_i Q_i + \sum_j W_j = \Delta U = 0$$

Alle Wärmemengen lassen sich in zugeführte (von der Wärmequelle kommende) und abgeführte (an die Wärmesenke abgegebene) Wärmen unterteilen. Die Summe aller zu- oder abgeführten Arbeiten ist bei Wärmekraftprozessen die Nutzarbeit, bei Kältemaschinenprozessen die aufzuwendende Arbeit des Prozesses. Bei Wärmekraftprozessen gilt daher:

$$Q_{zu} - Q_{ab} + W_{Nutz} = 0$$

$$W_{Nutz} = -(Q_{zu} - Q_{ab})$$

$$|W_{Nutz}| = Q_{zu} - Q_{ab}$$

Bei Kältemaschinenprozessen gilt:

$$W_{Aufzuwenden} = -(Q_{zu} - Q_{ab})$$

$$W_{Aufzuwenden} = Q_{ab} - Q_{zu}$$

Die Summe aller zu- oder abgeführten Wärmemengen aller Zustandsänderungen ist daher entweder die Nutzarbeit des Kreisprozesses oder die aufzuwendende Arbeit.

Bei Wärmekraftprozessen ist die Nutzarbeit eines beliebigen Kreisprozesses gleich der Differenz der bei den einzelnen Teilschritten insgesamt zu- und abgeführten Wärmemengen.

Bei Kältemaschinenprozessen ist die aufzuwendende Arbeit gleich der Differenz der bei den einzelnen Teilschritten insgesamt ab- und zugeführten Wärmemengen.

Thermischer Wirkungsgrad

Die Güte eines Kreisprozesses lässt sich anhand des thermischen Wirkungsgrades beurteilen. Dieser ist definiert als Nutzen zu Aufwand. Nutzen ist die Nutzarbeit, Aufwand ist die Summe aller zugeführten Wärmemengen.

$$\eta_{th} = \frac{|W_{Nutz}|}{Q_{zu}}$$

Damit gilt auch:
$$\eta_{\text{th}} = \frac{Q_{\text{zu}} - Q_{\text{ab}}}{Q_{\text{zu}}} = 1 - \frac{Q_{\text{ab}}}{Q_{\text{zu}}}$$

Kältemaschinenprozesse

Ein Kältemaschinenprozess (linkslaufender Kreisprozess, Abb. 8.4) benötigt

- (mindestens) ein Wärmereservoir, von dem Wärme aufgenommen werden kann (Kaltkörper),
- (mindestens) ein Wärmereservoir, an das Wärme abgegeben werden kann (Heißkörper),
- ein Arbeitsmedium, das im geschlossenen Kreislauf zyklisch immer wieder in den gleichen Zustand gebracht wird,
- von außen zugeführte Arbeit, um den Prozess kontinuierlich zu durchlaufen.

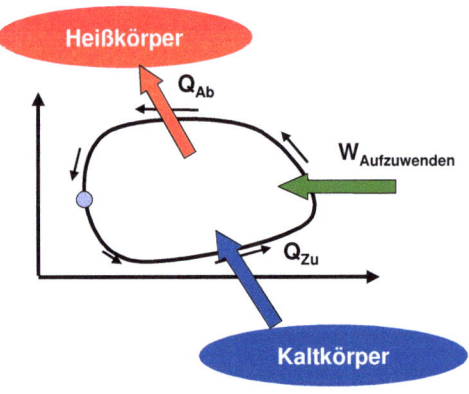

Abbildung 8.4 Linkslaufender Kreisprozess (Kältemaschinenprozess).

Leistungsziffer, Leistungszahl, Arbeitszahl

Bei linkslaufenden Kreisprozessen (Kältemaschinen) ist der Nutzen im Allgemeinen die vom Kaltkörper aufgenommene Wärmemenge und der Aufwand die geleistete Arbeit. In Analogie zur Wirkungsgraddefinition wird hier die Leistungsziffer ε definiert. Wenn der Nutzen die auf der kalten Seite aufgenommene Wärmemenge ist, z.B. bei Kälteanlagen, ist die Leistungsziffer:

$$\varepsilon_{KA} = \frac{\dot{Q}_{zu}}{P_{Aufzuwenden}}$$

Wenn der Nutzen die auf der heißen Seite abgegebene Wärmemenge ist, z.B. bei Wärmepumpen zu Heizzwecken, wird die Leistungsziffer größer:

$$\varepsilon_{WP} = \frac{\dot{Q}_{ab}}{P_{Aufzuwenden}}$$

Betrachtet man Mittelwerte über längere Zeiträume, tritt an die Stelle der Leistungsziffern die (Jahres-) Arbeitszahl:

$$\varepsilon_{KA} = \frac{Q_{zu}}{W_{Aufzuwenden}}$$

$$\varepsilon_{WP} = \frac{Q_{ab}}{W_{Aufzuwenden}}$$

wobei beide Q in diesen Definitionen die über einen längeren Zeitraum aufgenommenen oder abgegebenen Wärmemengen sind und W die im gleichen Zeitraum benötigte (z.B. elektrische) Antriebsarbeit (alle meistens in kWh). Häufig ist der Bilanzzeitraum ein Jahr, dann spricht man von der Jahresarbeitszahl.

Damit vom Kaltkörper Wärme aufgenommen werden kann, muss das Arbeitsmedium (AM) unter die Temperatur des Kaltkörpers gebracht werden. Ebenso muss es auf dem höchsten Temperaturniveau wärmer sein als der Heißkörper, der meistens die Umgebung bzw. der zu beheizende Raum ist:

$$T_{AM, untere} < T_{KK} < T_{HK} < T_{AM, obere}$$

Die Leistungsziffer und die Arbeitszahl können größer oder kleiner 1 sein. Je höher sie sind, desto besser ist der Prozess, wobei die Temperaturen von Heiß- und Kaltkörper entscheidend sind. Je geringer die zu überwindende Temperaturdifferenz, desto höher ist bei allen Prozessen die Leistungsziffer.

Beispiel: Carnot-Prozess als Kältemaschinenprozess, Abbildung 8.5

- 1-2 adiabat/isentrope Kompression
- 2-3 isotherme Kompression (aber nicht ideale Wärmeübertragung)
- 3-4 adiabat/isentrope Expansion
- 4-1 isotherme Expansion (nicht ideale Wärmeübertragung)

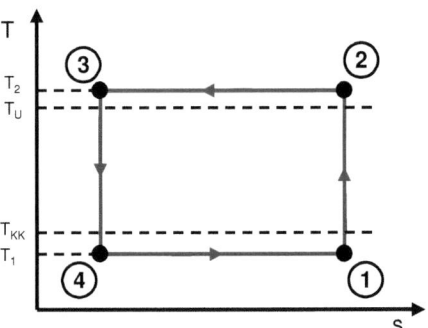

Abbildung 8.5 Linkslaufender Carnotprozess (Kältemaschinenprozess).

Bei den beiden Kompressionen wird Arbeit aufgewendet. Bei den beiden Expansionen wird dagegen Arbeit frei, wenn auch weniger als aufgewendet wurde. Auch in diesem Fall braucht man die einzelnen Arbeiten nicht explizit zu berechnen, denn nach dem 1. Hauptsatz gilt, dass die insgesamt aufzuwendende Arbeit gleich der Summe aller zu- und abgeführten Wärmemengen ist.

$$W_{zu} = |Q_{ab}| - |Q_{zu}|$$

$$W_{zu} = W_{12} + W_{23} + W_{34} + W_{41}$$

$$Q_{ab} = Q_{23} = -T_2|\Delta s|$$

$$Q_{zu} = Q_{41} = T_1|\Delta s|$$

Daraus ergibt sich die bei allen vier Prozessschritten insgesamt zuzuführende Arbeit:

$$W_{zu} = (T_2 - T_1)|\Delta s|$$

Die Leistungsziffer des nicht idealen Prozesses ist

$$\varepsilon_{\text{Carnot}} = \frac{Q_{41}}{W_{zu}} = \frac{T_1}{T_2 - T_1}$$

Grädigkeit Beim realen Prozess existieren auf der kalten und der warmen Seite minimal notwendige Temperaturdifferenzen zur Wärmeübertragung in den Wärmetauschern, die sogenannte *Grädigkeit*. Beim idealen Prozess wären dagegen

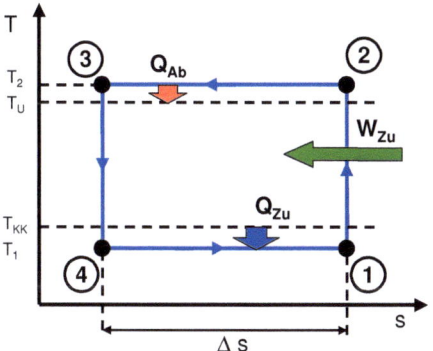

Abbildung 8.6 Linkslaufender Carnotprozess (Kältemaschinenprozess).

die Temperaturen von Umgebung und Arbeitsmedium sowie von Kaltkörper und Arbeitsmedium bei den Wärmeübertragungen jeweils gleich.

Bei gegebenen Temperaturen wäre die bestmögliche Leistungsziffer des idealen Carnotprozesses:

$$\varepsilon_{\text{Carnot,id}} = \frac{T_{\text{KK}}}{T_{\text{HK}} - T_{\text{KK}}} = \frac{T_{\text{KK}}}{T_{\text{U}} - T_{\text{KK}}}$$

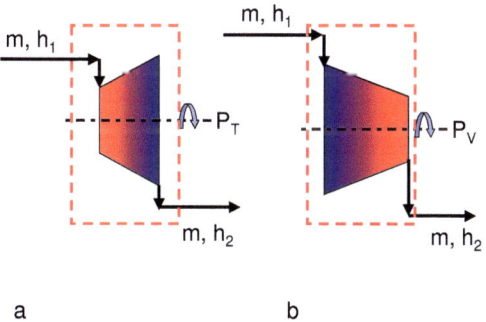

Abbildung 8.7 (a) Adiabate Turbine, (b) adiabater Verdichter.

Adiabat/reibungsbehaftete Zustandsänderungen

Die adiabat/isentrope Zustandsänderung ist eine idealisierte Zustandsänderung. In Wirklichkeit lässt sich weder die Wärmeübertragung vollständig unterdrücken, noch vermeiden, dass bei der Expansion oder Kompression Reibungsarbeit auftritt. In der Regel kann man wenigstens die Wärmeübertragung durch gute Isolation aber soweit reduzieren, dass ihre Störeffekte gegen die Reibungsarbeit vernachlässigbar sind. In guter Näherung lassen sich daher verlustbehaftete Expansionen und Kompressionen immer noch als Adiabate darstellen, wenn man die Reibungsarbeit berücksichtigt. Die Berechnung erfolgt über den isentropen Wirkungsgrad. Eine adiabate Turbine (Abb. 8.7 a) oder ein adiabater Verdichter (Abb. 8.7 b) wird von einem Arbeitsmedium stationär durchströmt. Am Eintritt hat das Arbeitsmedium den Zustand T_1, h_1, am Austritt T_2, h_2. Die Änderungen der kinetischen und der potentiellen Energie seien jeweils vernachlässigbar. Welche Leistung P wird verrichtet?

Aus dem ersten Hauptsatz für ein stationäres, offenes System erhält man:

$$P = \dot{m}(h_2 - h_1)$$

Die spezifische technische Arbeit ist:

$$w_t = \frac{P}{\dot{m}} = h_2 - h_1$$

Als technische Arbeit bezeichnet man die netto an die Welle abgegebene Nutzleistung. Wenn man die Änderung der kinetischen Energie der beiden Ströme vernachlässigt (dies ist durch entsprechende Durchmesserwahl der Rohrleitungen möglich), erhält man die spezifische Arbeit als Differenz der Enthalpien der Ströme. Dies gilt für die reibungsfreie und die reibungsbehaftete Strömung.

Die Leistung der adiabat/isentropen Expansion ist natürlich höher, da bei dieser keine Arbeit durch Reibung verloren geht. Daher sind Austrittsenthalpie $h_{2,s}$ und Austrittstemperatur $T_{2,s}$ des Arbeitsmediums in diesem Fall niedriger. Die Reibungsarbeit des realen Falles wird in innere Energie des Arbeitsmediums umgewandelt und mit dem austretenden Strom aufgrund der höheren Enthalpie h_2 abgeführt.

Die Leistung bei der adiabat/isentropen Kompression ist dagegen geringer, da bei dieser Zustandsänderung ohne Reibung keine Arbeit zusätzlich zur eigentlichen Kompressionsarbeit des Gases aufgebracht werden muss. Daher sind Austrittsenthalpie $h_{2,s}$ und Austrittstemperatur $T_{2,s}$ des Arbeitsmediums in diesem Fall ebenfalls niedriger als im realen Fall. Die Reibungsarbeit des realen Falles wird auch hier in innere Energie des Arbeitsmediums umgewandelt und mit dem austretenden Strom aufgrund der höheren Enthalpie h_2 abgeführt.

Isentrope Wirkungsgrade

Damit werden die technischen Arbeiten des realen und des idealen adiabaten Prozesses definiert. Für die Expansion gilt:

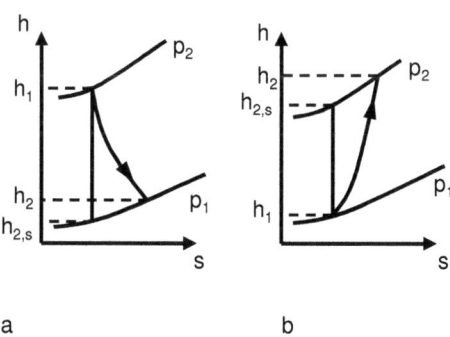

Abbildung 8.8 Zustandsänderungen: (a) Adiabate Expansion, (b) adiabate Kompression.

$$w_t = h_2 - h_1$$

$$w_{t,id} = h_{2,s} - h_1$$

Isentroper Turbinenwirkungsgrad Der isentrope Expansionswirkungsgrad oder isentrope Turbinenwirkungsgrad ist definiert als tatsächliche technische Arbeit zur maximal möglichen technischen Arbeit bei der Expansion vom gleichen Ausgangszustand 1 zum gleichen Enddruck p_2 (Abb. 8.8 a):

$$\eta_{s,T} = \frac{w_t}{w_{t,id}} = \frac{h_2 - h_1}{h_{2,s} - h_1}$$

Isentroper Verdichterwirkungsgrad Der isentrope Kompressionswirkungsgrad oder isentrope Verdichterwirkungsgrad ist definiert als minimal notwendige technische Arbeit zur tatsächlichen technischen Arbeit bei der Kompression vom gleichen Ausgangszustand 1 zum gleichen Enddruck p_2 (Abb. 8.8 b):

$$\eta_{s,V} = \frac{w_{t,id}}{w_t} = \frac{h_{2,s} - h_1}{h_2 - h_1}$$

Technische Verlustarbeit Die technische Verlustarbeit bei der Expansion und bei der Kompression ist definiert durch:

$$w_{t,V} = h_2 - h_{2,s}$$

Die technische Verlustarbeit ist aber nicht gleich der Reibungsarbeit, denn es gilt bei der Expansion

$$w_{t,V} < w_R$$

und bei der Kompression

$$w_{t,V} > w_R$$

Bei der Expansion und bei der Kompression führt die Reibung im Vergleich zur Isentropen zu einer höheren Temperatur während der gesamten Zustandsänderung. Bei der Expansion kann aus diesem höheren Temperaturniveau wenigstens ein Teil der Reibungswärme als Arbeit zurückgewonnen werden: Der Arbeitsverlust ist kleiner als die Reibung. Bei der Kompression muss dagegen wegen des höheren Temperaturniveaus sogar noch mehr Volumenänderungsarbeit geleistet werden, denn das spezifische Volumen steigt schneller an als ohne Reibung. Folglich ist der Arbeitsverlust sogar größer als die Reibung.

9 Spezielle Kreisprozesse

Carnot-Prozess

Der zu Beginn als Beispiel verwendete Kreisprozess aus zwei adiabat/isentropen und zwei isothermen Zustandsänderungen ist der Carnot-Prozess (Abb. 9.1). Er hat die Besonderheit, dass er insgesamt reversibel sein kann, wenn auch die Wärmeübertragung bei den beiden Isothermen reversibel ist, wenn also der wärmeabgebende Körper (Heißkörper) und der wärmeaufnehmende Körper (Kaltkörper) die gleiche Temperatur haben wie das Arbeitsmedium bei der jeweiligen Zustandsänderung.

Im Allgemeinen gilt

$$T_{KK} < T_1 < T_2 < T_{HK}$$

Ein solcher Prozess wäre noch nicht reversibel. Erst wenn

$$T_{KK} = T_1 < T_2 = T_{HK}$$

gilt, ist der Prozess vollständig reversibel, wenn er überall auch reibungsfrei ist.

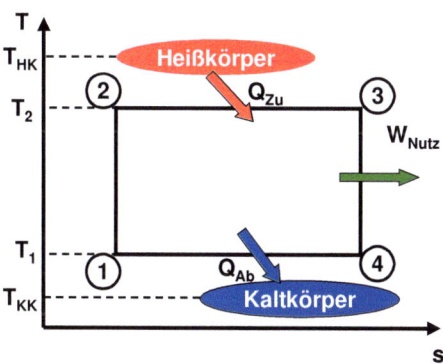

Abbildung 9.1 Carnotprozess.

Der thermische Wirkungsgrad des Carnot-Prozesses ist:

$$\eta_{th,C} = 1 - \frac{|Q_{ab}|}{|Q_{zu}|} = 1 - \frac{T_1 \Delta s}{T_2 \Delta s}$$

$$\eta_{th,C} = 1 - \frac{T_1}{T_2}$$

Für den reversiblen Carnotprozess gilt:

$$\eta_{th,C,rev} = 1 - \frac{T_{KK}}{T_{HK}}$$

Die Temperaturen hängen nun über die isentrope Expansion und Kompression zusammen:

$$\frac{T_2}{T_1} = \left(\frac{p_2}{p_1}\right)^{\frac{\kappa-1}{\kappa}}$$

$$\frac{T_3}{T_4} = \frac{T_2}{T_1} = \left(\frac{p_3}{p_4}\right)^{\frac{\kappa-1}{\kappa}} = \left(\frac{p_2}{p_1}\right)^{\frac{\kappa-1}{\kappa}}$$

Mit dem Druckverhältnis π der Kompression

$$\pi = \frac{p_2}{p_1}$$

erhält man:

$$\eta_{th,C} = 1 - \frac{T_1}{T_2} = 1 - \frac{1}{\pi^{\frac{\kappa-1}{\kappa}}}$$

Der reversible Carnotprozess liefert von allen möglichen Kreisprozessen zwischen zwei Wärmereservoirs gegebener Temperatur die höchste Nutzarbeit und hat den höchstmöglichen Wirkungsgrad.

Je größer das Druckverhältnis π der Kompression, desto größer der thermische Wirkungsgrad des idealen Carnotprozesses.

Beispiel: Carnot-Prozess

Ein irreversibler Carnotprozess hat folgende Eckdaten: Heißkörpertemperatur T_{HK} = 600 K, Kaltkörpertemperatur T_{HK} = 300 K. Die minimale Temperaturdifferenz bei der Wärmeübertragung sei jeweils 10 K.

- Wie groß ist der thermische Wirkungsgrad?
- Wie groß ist der thermische Wirkungsgrad des zugehörigen reversiblen Prozesses?

Lösung:

Wie groß ist der thermische Wirkungsgrad?

$$\eta_{th,C} = 1 - \frac{T_1}{T_2} = 1 - \frac{T_{KK} + 10K}{T_{HK} - 10K} = 47,46\%$$

Wie groß ist der thermische Wirkungsgrad des zugehörigen reversiblen Prozesses?

$$\eta_{th,C} = 1 - \frac{T_1}{T_2} = 1 - \frac{T_{KK}}{T_{HK}} = 50,0\%$$

Durch die nicht reversible Wärmeübertragung verliert man daher bereits 2,5 %-Punkte an Wirkungsgrad.

Jouleprozess (Gasturbinenprozess)

Der (teil-)ideale Jouleprozess besteht aus zwei adiabat isentropen und zwei isobaren Zustandsänderungen (Abb. 9.2). Die beiden isobaren Zustandsänderungen 2 - 3 und 4 - 1 dienen der Wärmezu- und abfuhr. Nachdem in Gasturbinen die Verbrennungsvorgänge im Allgemeinen fast isobar ablaufen, ist der Jouleprozess der passende Vergleichsprozess. Auch die Abkühlung ist isobar, denn das heiße Abgas 4 wird ausgestoßen und vermischt sich isobar mit der Umgebung, wobei es seine Energie an die Umgebung abgibt und wieder den Zustand 1 erreicht. Dieser Kreisprozess wird also erst durch die Umgebung selbst zum geschlossenen Kreislauf.

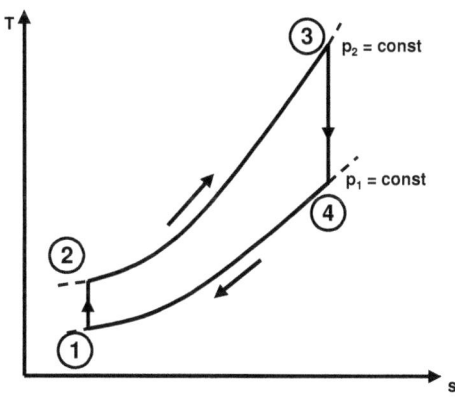

Abbildung 9.2 Jouleprozess.

Den Prozess mit adiabat isentropen Zustandsänderungen und isobaren Zustandsänderungen nennt man teilideal, weil nur die Reibungsarbeit vernachlässigt wird, nicht aber die Entropieerzeugung durch die nicht konstante Temperatur bei den Wärmeübertragungen. Der Heißkörper muss mindestens die Temperatur T_3 besitzen, d.h. die Erwärmung erfolgt über weite Bereiche mit einer endlichen Temperaturdifferenz. Der teilideale Joule-Prozess hat daher auch einen schlechteren Wirkungsgrad als der Carnotprozess, dem bestmöglichen Prozess zwischen den Temperaturen T_3 und T_1.

Die zu- und abgeführten Wärmemengen des Jouleprozesses sind:

$$\dot{Q}_{\text{zu}} = |\dot{Q}_{\text{zu}}| = \dot{m} c_p (T_3 - T_2)$$

$$\dot{Q}_{\text{ab}} = \dot{m} c_p (T_1 - T_4)$$

$$|\dot{Q}_{\text{ab}}| = \dot{m} c_p (T_4 - T_1)$$

Der thermische Wirkungsgrad des teilidealen Jouleprozesses für konstante Wärmekapazität c_p ist:

$$\eta_{\text{th,J}} = 1 - \frac{|\dot{Q}_{\text{ab}}|}{\dot{Q}_{\text{zu}}} = 1 - \frac{T_4 - T_1}{T_3 - T_2}$$

Die Temperaturen hängen über die isentrope Expansion und Kompression miteinander zusammen:

$$\frac{T_2}{T_1} = \left(\frac{p_2}{p_1}\right)^{\frac{\kappa-1}{\kappa}}$$

$$\frac{T_3}{T_4} = \left(\frac{p_3}{p_4}\right)^{\frac{\kappa-1}{\kappa}} = \left(\frac{p_2}{p_1}\right)^{\frac{\kappa-1}{\kappa}}$$

Mit dem Druckverhältnis π der Kompression

$$\pi = \frac{p_2}{p_1}$$

erhält man:

$$\eta_{th,J} = 1 - \frac{T_4 - T_1}{(T_4 - T_1)\pi^{\frac{\kappa-1}{\kappa}}} = 1 - \frac{1}{\pi^{\frac{\kappa-1}{\kappa}}} = 1 - \frac{T_1}{T_2}$$

Der Wirkungsgrad hängt also genau wie beim Carnotprozess vom Druckverhältnis der Kompression ab. Dieses ist allerdings beim Carnotprozess viel größer, weil direkt auf die Temperatur T_3 komprimiert wird und nicht wie beim Jouleprozess auf T_2 mit anschließender isobarer Erwärmung auf T_3.

Je größer das Druckverhältnis π der Kompression, desto größer der thermische Wirkungsgrad des teilidealen Jouleprozesses.

Für einen reibungsbehafteten Jouleprozess gilt diese Aussage allerdings nicht mehr uneingeschränkt, weil in Abhängigkeit vom Temperaturverhältnis T_3/T_1 ein optimales Druckverhältnis mit maximalem Wirkungsgrad existiert. Erhöht man das Druckverhältnis darüber hinaus, sinkt der thermische Wirkungsgrad wieder. Das optimale Druckverhältnis liegt umso höher, je größer T_3/T_1 wird, auch der erreichbare Wirkungsgrad wird dann größer. Das erklärt den Wettlauf um immer höhere Turbineneintrittstemperaturen (heute um die 1700 K), um beste Resultate zu erzielen.

Regenerativer Jouleprozess

Beim regenerativen Jouleprozess (Abb. 9.3) wird die noch recht hohe Abgastemperatur im Prozess selbst genutzt, um das komprimierte Gas vorzuwärmen. Dadurch wird von außen zuzuführende Wärme eingespart und der Wirkungsgrad des Prozesses erhöht. Die technische Umsetzung ist allerdings teuer, da ein hochbelasteter Wärmetauscher mit hoher Druckdifferenz benötigt wird.

Das Abgas aus der Turbine mit der Temperatur $T_4 > T_2$ wird in einen Gegenstromwärmetauscher gebracht und dort isobar auf eine Temperatur T_5 abgekühlt, die im

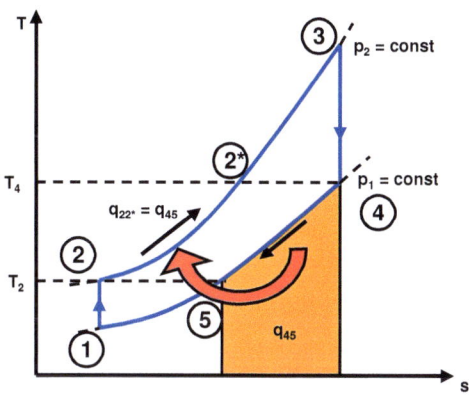

Abbildung 9.3 Regenerativer Jouleprozess.

Idealfall gleich T_2 ist (Abb. 9.3). Es gibt dabei maximal die Wärme q_{45} ab, mit:

$$q_{45} = h_5 - h_4 = c_p(T_5 - T_4) \leq c_p(T_2 - T_4)$$

Auf der anderen Seite des Gegenstromwärmetauschers strömt das komprimierte Arbeitsmedium aus dem Kompressor mit der Temperatur T_2 und wird durch das Abgas erwärmt:

$$q_{22*} = -q_{45} = c_p(T_4 - T_5) \leq c_p(T_4 - T_2)$$

Die Temperatur T_{2*} ist also im besten Fall gleich T_4, in der Regel aber niedriger. Trotzdem muss jetzt weniger Wärme zwischen 2* und 3 von außen zugeführt werden. Im Idealfall verbessert sich dadurch der Prozesswirkungsgrad gegenüber dem Jouleprozess:

$$\dot{Q}_{zu} = |\dot{Q}_{zu}| = \dot{m}c_p(T_3 - T_{2*}) = \dot{m}c_p(T_3 - T_4)$$

$$\dot{Q}_{ab} = \dot{m}c_p(T_1 - T_5) = \dot{m}c_p(T_1 - T_2)$$

$$|\dot{Q}_{ab}| = \dot{m}c_p(T_2 - T_1)$$

Der thermische Wirkungsgrad des teilidealen regenerativen Jouleprozesses für konstante Wärmekapazität c_p ist:

$$\eta_{th,RJ} = 1 - \frac{|\dot{Q}_{ab}|}{\dot{Q}_{zu}} = 1 - \frac{T_2 - T_1}{T_3 - T_4}$$

Auch hier sind die Temperaturen über die Isentropen verbunden:

$$\frac{T_2}{T_1} = \pi^{\frac{\kappa-1}{\kappa}}$$

$$\frac{T_3}{T_4} = \pi^{\frac{\kappa-1}{\kappa}}$$

$$\eta_{\text{th,RJ}} = 1 - \frac{T_1\left(\pi^{\frac{\kappa-1}{\kappa}} - 1\right)}{T_4\left(\pi^{\frac{\kappa-1}{\kappa}} - 1\right)} = 1 - \frac{T_1}{T_4}$$

Vergleicht man dies mit dem einfachen Jouleprozess

$$\eta_{\text{th,J}} = 1 - \frac{1}{\pi^{\frac{\kappa-1}{\kappa}}} = 1 - \frac{T_1}{T_2}$$

erkennt man, dass die Verbesserung des regenerativen Prozesses umso größer ist, je größer die Temperaturdifferenz $T_4 - T_2$ ist. Umgekehrt wird die Verbesserung immer kleiner, je näher T_4 und T_2 beieinander liegen und verschwindet völlig, wenn $T_2 \geq T_4$ wird. Genau diese Situation liegt bei heutigen Maschinen allerdings sehr häufig vor, denn die Bedingung $T_2 > T_4$ ist bei modernen Gasturbinen mit hohem Druckverhältnis und hohen Eintrittstemperaturen praktisch immer gegeben (Abb. 9.4). Während der regenerative Prozess 1-2-2*-3-4-5 in Abbildung 9.4 noch signifikante Einsparung an Wärme bringt, ist beim Prozess 1-2'-3'-4' bei gleicher Eintrittstemperatur ($T_3 = T_{3'}$) und höherem Druckverhältnis $p_{2'}/p_1$ bereits $T_{2'} > T_{4'}$, daher kann keine Rückgewinnung der Abgasenergie im Prozess selbst erfolgen.

Die immer noch recht hohe Abgastemperatur moderner Gasturbinen wird heute in Kraftwerksprozessen in sogenannten Kombianlagen (in Deutschland auch GuD = Gas und Dampf genannt) genutzt, indem mit dem Abgas der Gasturbine von $T_4 \approx$ 550 - 600°C Dampf erzeugt wird, der dann in einer eigenen Dampfturbinenanlage ohne weitere Zufeuerung verstromt wird. Die regenerative Nutzung der Abgasenergie erfolgt also in einem zweiten Prozess, nicht mehr im Jouleprozess selbst. Trotzdem sind Kombianlagen erheblich effizienter als regenerative Gasturbinenprozesse, weil hier die thermodynamischen Vorteile eines optimierten Gasturbinenprozesses mit den Vorteilen der Dampfkraftprozesse verbunden werden: Die elektrischen Wirkungsgrade (d.h. Netz-Stromeinspeisung zu Brennstoffmenge mal Heizwert) liegen heute bei über 60%.

Ein regenerativer Prozess lohnt sich nur bei kleinen Verbrennungstemperaturen und kleinen Druckverhältnissen. Diese Bedingungen findet man heute fast ausschließlich in Mikrogasturbinen kleiner Leistung vor, wenn $P < 200 - 300$ kW ist.

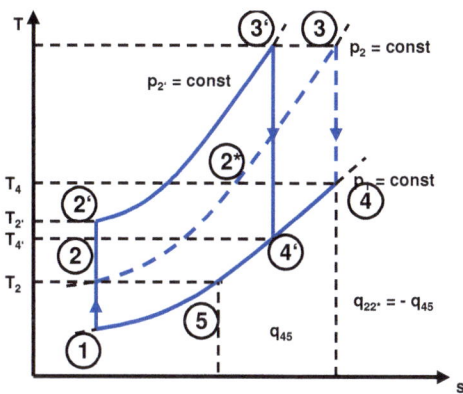

Abbildung 9.4 Ein regenerativer Jouleprozess lohnt sich nur bei verhältnismäßig kleinen Druckverältnissen.

Joule-Reheatprozess

Der Vergleich des Prozesses mit niedrigem Druckverhältnis mit dem mit einem höheren Druckverhältnis in Abbildung 9.4 suggeriert den Verlauf einer anderen Prozessmodifikation, dem sogenannten Joule-Reheatprozess oder kurz Reheatprozess (Abb. 9.5).

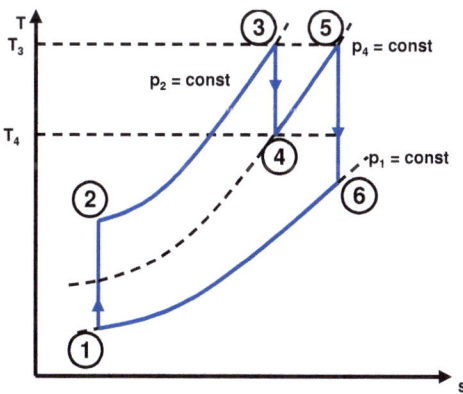

Abbildung 9.5 Joule-Reheatprozess.

Nach Kompression auf ein hohes Druckverhältnis p_2/p_1 wird das Gas in einer ersten Brennkammer auf T_3 erwärmt. In einer nachfolgenden ersten Turbine wird das Gas auf einen Druck p_4 expandiert, der deutlich über dem Umgebungsdruck liegt. Das dann noch sehr heiße Abgas (um 1000°C) der ersten Turbine wird in einer zweiten Brennkammer erneut auf T_3 erwärmt und in einer zweiten Turbine auf Umgebungsdruck expandiert.

Der unmittelbare Vorteil dieser Prozessführung ist sofort erkennbar, wenn man die Erläuterungen zum regenerativen Jouleprozess noch einmal betrachtet. Der Joule-Reheatprozess vereinigt die Vorteile des hohen Druckverhältnisses in der ersten Stufe der Expansion mit den Vorteilen des niedrigeren Druckverhältnisses in der zweiten Stufe. Die Abgastemperatur T_6 ist offensichtlich höher als wenn man vom Druck p_2 und der Temperatur T_3 aus direkt auf Umgebungsdruck expandiert ($T_{4'}$ in Abb. 9.4). Damit ist das Dampferzeugungspotential im nachgeschalteten Dampfkraftprozess deutlich höher, was den Gesamtwirkungsgrad einer solchen Kombianlage nochmal verbessert.

Dazu kommt, dass das Arbeitsmedium in den beiden Turbinen *zweimal* die Enthalpiedifferenz zwischen h_3 und h_4 durchläuft, da es in der zweiten Brennkammer wieder auf T_3 erhitzt wird. Dies kompensiert die zusätzliche Brennstoffwärme zwischen 4 und 5 völlig, so dass die thermischen Wirkungsgrade des Reheatprozesses und des Jouleprozesses mit den gleichen Parametern p_2/p_1 und T_3 fast gleich sind. Wegen der höheren Abgastemperatur T_6 ist aber der Kombiprozess der Reheat-Gasturbine besser.

Derzeit gibt es zwei Gasturbinen dieser Bauart, die GT24 (60 Hz) und die GT26 (50 Hz) von Alstom, die im Kombibetrieb einen elektrischen Wirkungsgrad von über 60% erzielen können. Dazu kommen erhebliche Vorteile bei den Schadstoffemissionen, deren Erläuterung hier aber zu weit führen würde.

Kombiprozess, GuD-Prozess

Kombiprozesse sind zwei oder mehrere hintereinandergeschaltete Prozesse, die sich aufgrund ihrer thermodynamischen Daten möglichst gut ergänzen. Dadurch lassen sich thermische Wirkungsgrade erzielen, die durch einen einzelnen Prozess nur sehr schwer oder gar nicht erreichbar wären. Die derzeit höchsten Nettowirkungsgrade (ins Netz eingespeiste elektrische Energie zur Brennstoffwärme) von über 60% lassen sich durch die Kombination eines Jouleprozesses oder eines Joule-Reheatprozesses mit Dampfkraftprozessen (siehe folgendes Kapitel) als GuD-Prozess erzielen. GuD steht für „Gas und Dampf", international werden diese Prozesse als Combined Cycle Power Plant (CCPP) bezeichnet (Abb. 9.6).

Für diesen Zweck optimierte Gasturbinen haben einen thermischen Wirkungsgrad von über 40%, wobei die Abgastemperatur um 600°C beträgt, was wiederum eine typische Frischdampftemperatur heutiger Dampfkraftprozesse ist. Aus der Abwärme der Gasturbine, immerhin noch 60% der über den Brennstoff (überwiegend Erdgas) eingesetzten Wärme, wird in einem Abhitzekessel HRSG (heat recovery steam generator) Dampf erzeugt, so dass in einem optimierten Dampfkraftprozess, der für sich gerechnet etwa einen thermischen Wirkungsgrad von ebenfalls knapp 40% besitzt, mit Hilfe von Dampfturbinen zusätzlich zur Gasturbine Strom erzeugt werden kann. Es ergibt sich also ein thermischer Gesamtwirkungsgrad von:

$$\eta_{th,GuD} = \frac{P_{ges}}{\dot{Q}_{zu}} = \frac{P_{GT} + P_{DT}}{\dot{m} H_u} = \eta_{th,GT} + \frac{P_{DT}}{\dot{m} H_u}$$

$$\eta_{th,GuD} = \eta_{th,GT} + \frac{P_{DT}}{\dot{m} H_u} \frac{\dot{Q}_{ab,GT}}{\dot{Q}_{ab,GT}} = \eta_{th,GT} + \eta_{th,DT}(1 - \eta_{th,GT})$$

Besitzen beide Teilprozesse einen thermischen Wirkungsgrad von etwa 40%, ergibt sich somit ein thermischer Wirkungsgrad des GuD-Prozesses von $\eta_{th,GuD} \approx$ 64%. Berücksichtigt man noch den Generatorwirkungsgrad der Stromerzeugung sowie den Kraftwerkseigenverbrauch der Hilfsantriebe (Pumpen etc.), erhält man den genannten Nettowirkungsgrad von 60 bis 61%.

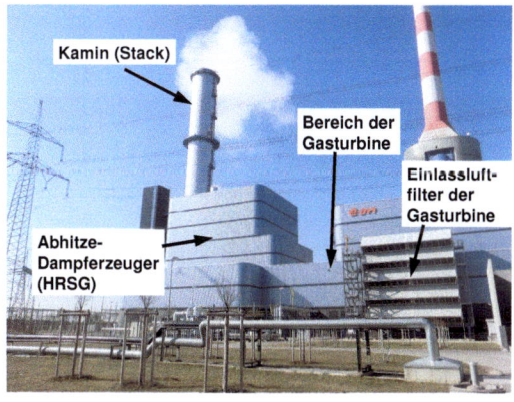

Abbildung 9.6 GuD-Kraftwerk in Irsching mit über 60% Nettowirkungsgrad.

Ottoprozess

Der Otto-Prozess (Abb 9.7) ist der thermodynamische Vergleichsprozess für Verbrennungsmotoren, die mit Gleichraumverbrennung arbeiten, bei denen also die Wärmeerzeugung bei fast konstantem Volumen stattfindet.

In Kolbenmotoren wird dies durch Zündung des Gemisches kurz vor dem oberen Totpunkt des Kolbens und sehr schnelle Verbrennung am oberen Totpunkt erreicht. Dadurch ist der Druck p_3 nach Ende der Verbrennung höher als der Druck p_2 zu Beginn der Verbrennung und es besteht ein höheres Arbeitspotential bei der Expansion. Allerdings muss eine vorzeitige Selbstzündung des Kraftstoff-Luft-Gemisches verhindert werden, was das Druckverhältnis bei der Kompression begrenzt.

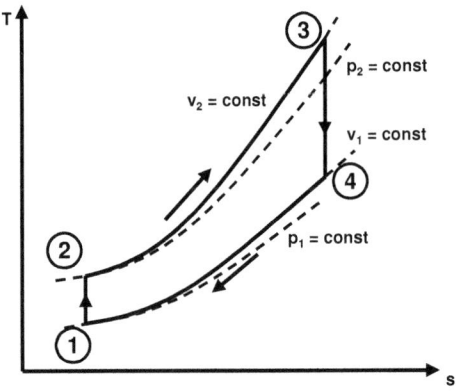

Abbildung 9.7 Ottoprozess.

Auch das Ausschieben des Abgases in die Umgebung erfolgt bei konstanter Dichte, d.h. isochor. Ansonsten ist der Ottoprozess dem bereits ausführlich besprochenen Jouleprozess thermodynamisch recht ähnlich, die zugeführte Wärmemenge wird bei der isochoren Verbrennung allerdings mit c_v, nicht mit c_p bestimmt.

$$\eta_{\text{th,O}} = 1 - \frac{|\dot{Q}_{\text{ab}}|}{\dot{Q}_{\text{zu}}} = 1 - \frac{c_v(T_4 - T_1)}{c_v(T_3 - T_2)}$$

$$\eta_{\text{th,O}} = 1 - \frac{T_4 - T_1}{T_3 - T_2}$$

Dieselprozess

Der Dieselprozess (Abb 9.8) ist der thermodynamische Vergleichsprozess für Verbrennungsmotoren, die mit Gleichdruckverbrennung arbeiten, bei denen also die Wärmeerzeugung bei fast konstantem Druck stattfindet.

In Kolbenmotoren wird dies durch Selbstzündung des Gemisches und Verbrennung, während der Kolben bereits in der Abwärtsbewegung ist, erzielt. Für die Selbstzündung des Kraftstoff-Luft-Gemisches sollte die Temperatur nach der Kompression höher sein, d.h. es muss auf ein höheres Druckverhältnis als beim Ottoprozess komprimiert werden, was den Wirkungsgrad wie beim Jouleprozess verbessert. Im Prinzip ist der thermodynamische Prozess des Dieselprozesses dem Jouleprozess recht ähnlich.

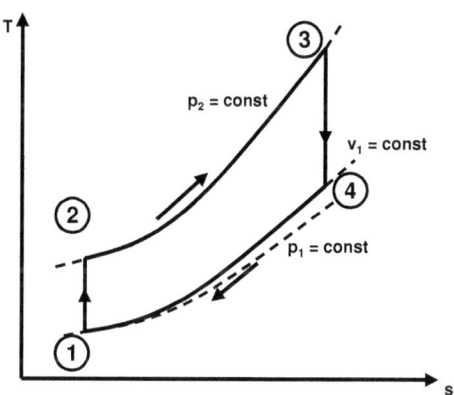

Abbildung 9.8 Dieselprozess.

Das Ausschieben des Abgases in die Umgebung erfolgt wie beim Ottoprozess bei konstanter Dichte, d.h. isochor.

$$\eta_{th,D} = 1 - \frac{|\dot{Q}_{ab}|}{\dot{Q}_{zu}} = 1 - \frac{c_v(T_4 - T_1)}{c_p(T_3 - T_2)}$$

$$\eta_{th,D} = 1 - \frac{1}{\kappa}\frac{T_4 - T_1}{T_3 - T_2}$$

10 Kreisprozesse mit Dampf als Arbeitsmedium

Verdampfende und kondensierende Flüssigkeiten haben spezielle Eigenschaften, die sie für alle Kreisprozesse mit möglichst hohem Wirkungsgrad interessant machen. Der Phasenübergang von der Flüssigkeit auf die Gasphase weist für alle Reinstoffe eine wichtige Eigenschaft auf:

Bei isobarer Verdampfung oder Kondensation bleibt neben dem Druck auch die Temperatur konstant. Dadurch lassen sich isotherme Zustandsänderungen als isobare Erwärmung oder Abkühlung leicht realisieren.

Der isobare Phasenübergang erfolgt immer in den gleichen Schritten (Abb. 10.1):

- Die „unterkühlte Flüssigkeit" wird bei dem gegebenen Druck bis auf die zugehörige Sättigungstemperatur erwärmt.
- Die „gerade siedende" Flüssigkeit wird isobar/isotherm als „Nassdampf" bis zur vollständigen Verdampfung gebracht. Es entsteht der „trocken gesättigte" Dampf, der ebenfalls Sättigungsdruck und Sättigungstemperatur aufweist.
- Durch weitere Wärmezufuhr wird der trocken gesättigte Dampf überhitzt, d.h. die Temperatur steigt wieder an.
- Bei genügend großer Überhitzung (Abstand vom Nassdampfgebiet) verhält sich der „überhitzte Dampf" immer besser wie ein „ideales Gas".

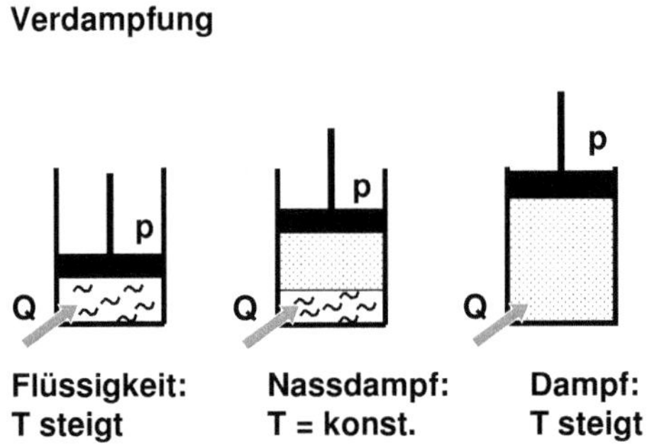

Abbildung 10.1 Isobarer Verdampfungsprozess.

Thermodynamische Eigenschaften von Dampf

Wesen der Kreisprozesse mit Dampf Dampfkraftprozesse und Dampfkälteprozesse sind spezielle Kreisprozesse, bei denen das Arbeitsmedium einen Phasenübergang flüssig-gasförmig und umgekehrt durchläuft. Dadurch macht man sich spezielle Eigenschaften von Stoffen beim Phasenübergang zunutze.

Ein billiges und überall verfügbares Arbeitsmedium mit sehr gut geeigneten Eigenschaften ist Wasser. Dampfkraftprozesse lassen sich aber auch mit anderen Flüssigkeiten realisieren, da sie fast immer im geschlossenen Kreislauf ausgeführt werden, das Arbeitsmedium also (bis auf Leckageverluste) immer dasselbe bleibt. Deswegen muss die Erwärmung auch immer extern erfolgen, in der Regel in einem speziellen Wärmetauscher, der als Dampferzeuger oder Boiler bezeichnet wird.

Entscheidend bei der Auswahl des Arbeitsmediums ist in jedem Fall der Temperaturbereich, in dem der Prozess arbeiten soll. Ist das Temperaturniveau insgesamt niedrig, kann Wasser möglicherweise nicht mehr das optimale Medium sein, es werden dann als Ersatzstoffe häufig organische Stoffe mit niedrigerem Siedepunkt gewählt, z.B. Methan, Butan, Propan, usw. Solche Prozesse werden unter dem Begriff ORC-Prozesse zusammengefasst (organic rankine cycle). Bei Dampfkälteprozessen ist Wasser ebenfalls meistens ungeeignet, da der Temperaturbereich der Prozesse im Bereich des Gefrierpunktes liegt, was den Einsatz von Wasser generell ausschließt.

Verdampfung und Verflüssigung

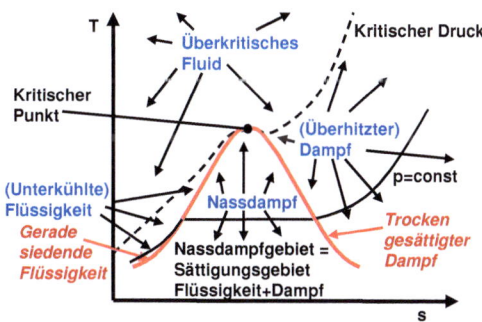

Abbildung 10.2 Phasendiagramm.

Im Nassdampfgebiet sind Druck und Temperatur nicht mehr unabhängige Zustandsgrößen. Sie sind über die Dampfdruckkurve oder Sättigungskurve (Abb. 10.3 und 10.4) verbunden:

$$p_s = f(T_s)$$

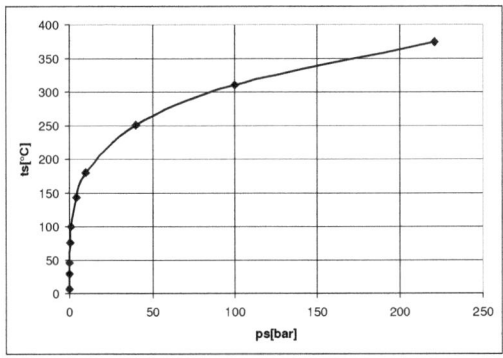

Abbildung 10.3 Sättigungskurve für Wasser (lineare Auftragung).

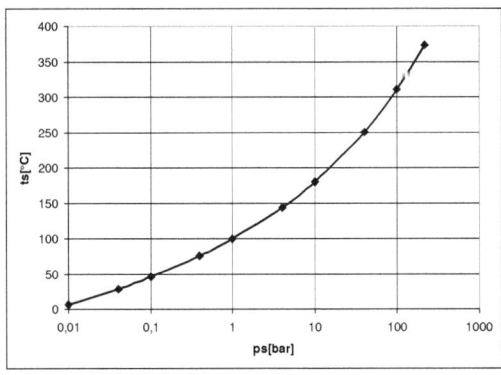

Abbildung 10.4 Sättigungskurve für Wasser (logarithmische Auftragung).

Kritischer Punkt, kritischer Druck

Steigert man den Druck während der Verdampfung Schritt für Schritt, wird die benötigte Verdampfungswärme immer geringer (Abb. 10.2). Gleichzeitig wird der Unterschied der spezifischen Volumina des Dampfes und der Flüssigkeit immer kleiner. Dies führt dazu, dass sich die gerade siedende Flüssigkeit und der trocken gesättigte Dampf in den Eigenschaften immer ähnlicher werden.

Am kritischen Punkt (bei Wasser: 221,2 bar, 374,15°C) verschwindet der Unterschied zwischen Dampf und Flüssigkeit völlig. Wasser macht oberhalb des kritischen Drucks keinen Phasenwechsel mehr durch. Der Zustand ist weder flüssig noch gasförmig, sondern überkritisch. Es bildet sich auch keine klare Phasengrenze (Flüssigkeitsoberfläche oder Tropfen) mehr aus.

Nassdampf

Unter Nassdampf versteht man ein Gemisch aus flüssigem Wasser und Wasserdampf (gilt auch für andere Flüssigkeiten), die sich im thermischen Gleichgewicht miteinander befinden, bei denen also Druck und Temperatur gleich sind. In diesem Zustand wird von außen zugeführte Wärme ausschließlich zum Phasenwechsel verwendet.

Die Flüssigkeit kann dabei fein verteilt sein (feine Tröpfchen) oder als freie Oberfläche zum Dampf vorliegen, solange die Bedingung des thermischen Gleichgewichts erfüllt bleibt. Alle kalorischen Zustandsgrößen werden als massengewichteter Mittelwert der Zustandsgrößen ermittelt, die thermischen Zustandsgrößen p und T sind per Definition gleich.

Mit x wird der Dampfgehalt bezeichnet, d.h. der Massenanteil des trocken gesättigten Dampfes (im Folgenden mit einem Doppelstrich als Index versehen) zum gesamten Gemisch. $(1-x)$ bezeichnet dementsprechend den Anteil gerade siedender Flüssigkeit am Gemisch (im Folgenden mit einem einzelnen Strich als Index versehen).

Definition des Dampfgehaltes x:

$$m = m' + m''$$

$$x = \frac{m''}{m' + m''}$$

$$1 - x = \frac{m'}{m' + m''}$$

Thermische (intensive) Zustandsgrößen

$$T' = T'' = T$$

$$p' = p'' = p$$

Kalorische und extensive Zustandsgrößen

Für jede dieser Größen (hier allgemein Y bzw. y genannt) gilt wegen der Eigenschaft aller extensiver Zustandsgrößen:

$$Y = Y' + Y''$$

Hieraus kann man die jeweilige Eigenschaft der spezifischen Zustandsgröße herleiten:

$$y = \frac{Y}{m} = \frac{Y'}{m' + m''} + \frac{Y''}{m' + m''} = \frac{m'y'}{m' + m''} + \frac{m''y''}{m' + m''} = (1-x)y' + xy''$$

Also:

$$y = y' + x(y'' - y')$$

Speziell für Entropie, Enthalpie, innere Energie und spezifisches Volumen:

$$s = s' + x(s'' - s')$$

$$h = h' + x(h'' - h')$$

$$u = u' + x(u'' - u')$$

$$v = v' + x(v'' - v')$$

Die Differenz zwischen der Enthalpie des trocken gesättigten Dampfes und der gerade siedenden Flüssigkeit wird Verdampfungswärme r genannt. Sie ist vom Druck bei der Verdampfung abhängig.

$$r(p) = h'' - h'$$

Die Stoffwerte der gerade siedenden Flüssigkeit und des trocken gesättigten Dampfes entnimmt man Tabellen oder Diagrammen für den jeweiligen Stoff, z.B.:

- Tabellen: Drucktafel, Temperaturtafel
- Diagramme: Schiefwinkliges h-s-Diagramm und rechtwinkliges h-s-Diagramm

In Diagrammen und Tabellen muss ein konventionsgemäßer Nullpunkt von Enthalpie und Entropie gewählt werden.

Schiefwinkliges h-s-Diagramm: Hier wird als Nullpunkt von Enthalpie und Entropie der absolute thermodynamische Nullpunkt gewählt, an dem die Größen theoretisch Null sein sollten, also

$$h(T = 0 \text{ K}) = 0 \text{ kJ/kg}$$

$$s(T = 0 \text{ K}) = 0 \text{ kJ/kgK}$$

Exakt richtig ist dies aber für die Enthalpie nicht, denn nur die innere Energie (thermische Energie) ist Null:

$$u(T = 0 \text{ K}) = 0 \text{ kJ/kg}$$

$$h = u + pv = pv$$

Weder der Druck noch das spezifische Volumen realer Stoffe verschwinden jedoch am absoluten Nullpunkt. Allerdings ist der Wert klein.

Rechtwinkliges h-s-Diagramm und Dampftafel: In den Dampftafeln und den rechtwinkligen Diagrammen ist der Nullpunkt von Enthalpie und Entropie des Wassers meist am Tripelpunkt (0,01°C ≈ 0°C) für flüssiges Wasser definiert:

$$h(t = 0°\text{C}) = 0 \text{ kJ/kg}$$

$$s(t = 0°\text{C}) = 0 \text{ kJ/kgK}$$

Nullpunktsverschiebung: Die Differenz der beiden unterschiedlichen Nullpunktsdefinitionen muss bei Verwendung von Zahlenwerten aus beiden Quellen **unbedingt** berücksichtigt werden:

$$h_\text{Schiefw} = h_\text{Dampftafel} + 633 \text{ kJ/kg}$$

$$s_\text{Schiefw} = s_\text{Dampftafel} + 3,52 \text{ kJ/kgK}$$

Thermodynamisches Verhalten der unterkühlten Flüssigkeit

Unterkühlte Flüssigkeiten sind auch bei hohen Drücken fast inkompressibel. Weil beim Erzeugen eines hohen Drucks in der Flüssigkeit daher fast keine Volumenänderungsarbeit benötigt wird, bleibt bei dieser isochoren und adiabaten Zustandsänderung auch die innere Energie praktisch druckunabhängig.

$$v \neq v(p)$$

$$u \neq u(p)$$

Deswegen ist es möglich, die Enthalpie der unterkühlten Flüssigkeit bei gegebener Temperatur t wie folgt zu bestimmen:

1. Man bestimmt Enthalpie und spezifisches Volumen bei der gleichen (gegebenen) Temperatur, aber dem zu der Temperatur $t = t_S$ gehörigen Sättigungsdruck aus der Dampftafel:

$$t = t_S$$

$$v = v'(t)$$

$$h = u + pv \approx h'(t) = u'(t) + p_S v'$$

2. Innere Energie und spezifisches Volumen sind nur von der Temperatur abhängig, nicht aber vom Druck. Daher stimmen sie bereits, also:

$$v = v'(t)$$

$$u = u'(t) = h'(t) - p_S v'$$

3. Die korrekten Werte für spezifisches Volumen und innere Energie sowie der korrigierte Wert der Enthalpie einer unterkühlten Flüssigkeit sind daher:

$$v = v'(t)$$

$$u = u'(t)$$

$$h = u'(t) + pv'(t) = h' - p_S(t)v'(t) + pv'(t)$$

$$h = h'(t) + [p - p_S(t)]v'(t)$$

Dampfkraftprozesse

Carnotprozess

Im Nassdampfgebiet lässt sich der Carnotprozess umsetzen (Abb. 10.5)

Er besteht in diesem Fall wie ein Jouleprozess aus zwei isobaren und zwei adiabat isentropen Zustandsänderungen. Die beiden isobaren Zustandsänderungen sind gleichzeitig isotherm, daher ist der Wirkungsgrad gleich dem des Carnotprozesses:

$$\eta_{th} = 1 - \frac{T_2}{T_1}$$

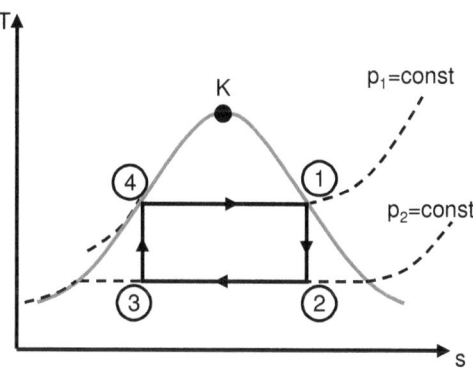

Abbildung 10.5 Carnotprozess im Nassdampfgebiet.

Das Arbeitsmedium hat dabei einen mehr oder weniger großen Dampfgehalt x bzw. Flüssigkeitsanteil $(1-x)$. Dafür ist die Isotherme identisch mit einer Isobaren, sie lässt sich daher ohne Arbeitsmaschine (Kompression/Expansion) realisieren.

Das Prozessschaltbild ist ebenfalls recht einfach, Abbildung 10.6. Wir benötigen einen Nassdampfverdichter, eine Turbine, einen Verdampfer und einen Kondensator.

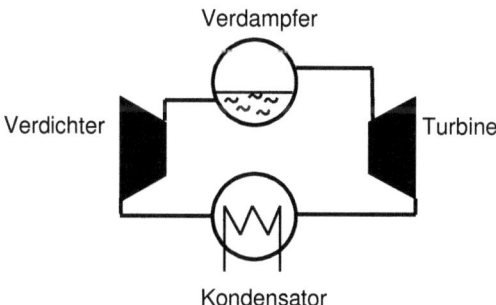

Abbildung 10.6 Schaltbild des Carnotprozesses im Nassdampfgebiet.

Clausius-Rankine Prozess

Kompression von Nassdampf: Die Kompression von Nassdampf zur Verflüssigung ist technisch recht aufwendig und benötigt mehr Arbeit als die Kompression einer Flüssigkeit mit einer Pumpe. Zudem besteht der Nassdampf aus den beiden Phasen, die sich bei der Kompression unterschiedlich verhalten: Der flüssige Teil $(1-x)$ behält seine Temperatur und ändert nur den Druck. Der trocken gesättigte Dampfanteil x wird dagegen ins überhitzte Gebiet komprimiert und ändert seine Temperatur und seinen Druck. Nach der Kompression liegt also ein Gemisch aus unterkühlter Flüssigkeit und überhitztem Dampf vor. Nach dem Temperaturausgleich ergibt sich dabei Nassdampf, aber bei höherer Entropie als vor der Kompression, denn die Vermischung bei unterschiedlichen Temperaturen ist irreversibel. Der Vorgang ist schon deswegen nicht isentrop, egal wie gut der Verdichter ist, es sei denn, die Kompression wird so langsam durchgeführt, dass zu jedem Zeitpunkt die Flüssigkeit bei geringer Temperaturdifferenz genügend Zeit hat, um wieder auf die Sättigungstemperatur des jeweiligen Druckes zu kommen. Verlustarme Nassdampfverdichtung ist also nicht gerade eine einfach zu lösende Aufgabe.

Damit der Prozess mehr Leistung bringt und weniger Aufwand erfordert, wird die adiabat isentrope Kompression aus dem Nassdampfgebiet ins Flüssigkeitsgebiet gelegt. Dazu muss der Kondensator den Dampf lediglich vollständig kondensieren, d.h. $x_1 = 0$ (Abb. 10.7). Die gerade siedende Flüssigkeit (Abb. 10.8 Punkt 3) wird dann mit einer Speise(wasser)pumpe auf den erforderlichen Druck des Verdampfers gepumpt (Abb. 10.8 Punkt 4) und liegt bei hohem Druck als unterkühlte Flüssigkeit vor. Die spezifische Arbeit zur Druckänderung der Flüssigkeit ist dabei immer sehr viel kleiner als die Verdampfungswärme r, so dass sie vernachlässigt werden kann:
$$h_2 \approx h_1$$
Der thermische Wirkungsgrad fällt dabei allerdings ab, da (relativ) mehr Wärme zugeführt werden muss als Arbeit eingespart wird.

Thermischer Wirkungsgrad Die technische Arbeit bei der Kompression von Wasser ist sehr klein und kann meistens gegen die Turbinenarbeit vernachlässigt werden. Daher ist der thermische Wirkungsgrad näherungsweise gleich
$$\eta_{\text{th}} = \frac{w_{\text{t}}}{q_{\text{zu}}} = \frac{(h_1 - h_2) - (h_4 - h_3)}{h_1 - h_4} \approx \frac{h_1 - h_2}{h_1 - h_3}$$

Expansion von Nassdampf: Die Expansion von Nassdampf in Turbinen führt zu einigen technischen Schwierigkeiten, insbesondere Erosion durch die Flüssigkeitströpfchen. Daher wird durch eine Überhitzung des Nassdampfes das Expansionsgebiet aus dem Nassdampfgebiet herausgeschoben (Abb. 10.9). Die technische

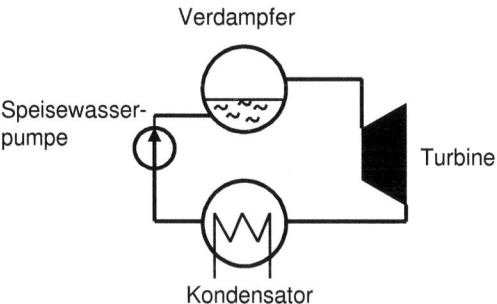

Abbildung 10.7 Erster Schritt zum Clausius-Rankine Prozess: Vollständige Kondensation und Speisepumpe.

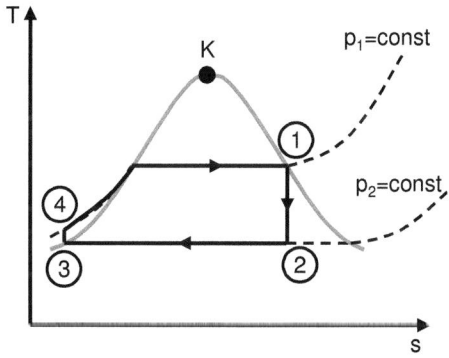

Abbildung 10.8 Speisepumpe im T-s-Diagramm.

Arbeit steigt, der Wirkungsgrad fällt aber weiter ab. Eine leichte Kondensation gegen Ende der Expansion ist aber meistens zulässig (Etwa: $x_2 > 0,9 - 0,95$).

Nach der vollständigen Verdampfung (Punkt 5 in Abb. 10.9) muss jetzt noch ein weiteres Bauteil, der Überhitzer, eingebaut werden, wie Abbildung 10.10 zeigt. Dieser muss höhere Temperaturen aushalten und fordert auch auf der Wärmequellenseite eine entsprechend höhere Temperatur an, was den Wirkungsgrad weiter

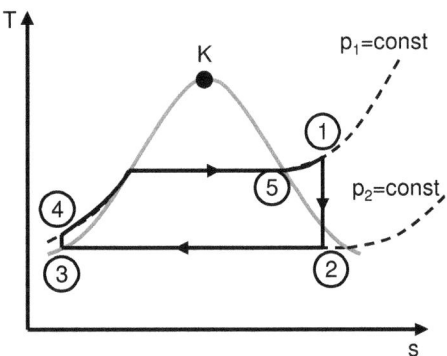

Abbildung 10.9 Überhitzung (5 nach 1) im T-s-Diagramm.

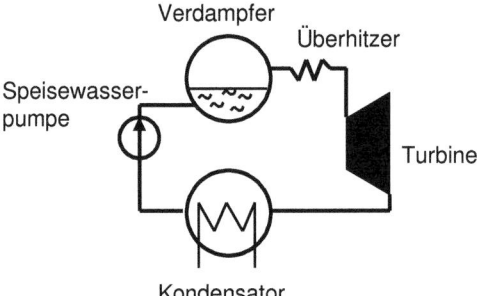

Abbildung 10.10 Clausius Rankine-Prozess mit Überhitzung und Speisepumpe im T-s-Diagramm.

verschlechtert.

$$\eta_{th} = \frac{w_t}{q_{zu}} = \frac{(h_1 - h_2) - (h_4 - h_3)}{h_1 - h_4} \approx \frac{h_1 - h_2}{h_1 - h_3}$$

Die Formel hat sich zwar nicht geändert, im Überhitzer muss aber überproportional mehr Wärme zugeführt werden, als in der Turbine mehr an Arbeit gewonnen wird, so dass sich das Verhältnis zu einem größeren Nenner hin verschiebt.

Clausius-Rankine Prozess mit Zwischenüberhitzung

Eine weitere Prozessveränderung wird durch eine Zwischenüberhitzung erreicht (Abb. 10.11). Aufgrund der Nivelierung der maximalen Prozesstemperatur durch die Expansion in der ersten Turbine (1 nach 2*) mit nachfolgender Zwischenüberhitzung (2* nach 1*) wird sowohl eine höhere Arbeitsleistung als auch eine Recarnotisierung, d.h. ein verbesserter thermischer Wirkungsgrad gegenüber dem einfachen Clausius-Rankineprozess erzielt.

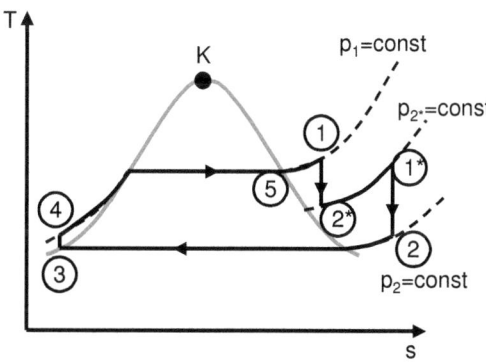

Abbildung 10.11 Clausius Rankine-Prozess mit Überhitzung und Zwischenüberhitzung im T-s-Diagramm.

Kältemaschinenprozesse

Dampfkälteprozesse sind linkslaufende Kreisprozesse, bei denen das Arbeitsmedium zweckbedingt einen Phasenübergang einerseits im Bereich des Gefrierpunktes von Wasser, andererseits im Bereich der Umgebungstemperaturen von 10 bis 40°C durchläuft. Alle prinzipiellen Aussagen zu Dampfkraftprozessen gelten auch hier, es muss lediglich bei der Wärmezufuhr und der Wärmeabfuhr umgedacht werden, denn die Wärmezufuhr zum Prozess findet jetzt bei niedriger Temperatur statt („Verdampfer"), während die Wärmeabfuhr bei hoher Temperatur abläuft („Kondensator").

Kältemittel (Arbeitsmedium)

Als Arbeitsmedium kommt Wasser nur dann in Frage, wenn sichergestellt wird, dass die niedrigste Prozesstemperatur genügend weit über dem Gefrierpunkt liegt.

Dies kann beispielsweise in der Gebäudeklimatisierung der Fall sein, denn diese wird nur zu Zeiten relativ hoher Umgebungstemperaturen benötigt. Das Arbeitsmedium muss aber auch auf die oberste Prozesstemperatur abgestimmt sein, denn in diesem Temperaturbereich muss es kondensieren. Wenn bei einer Klimatisierungsaufgabe die Kondensationstemperatur bei 40 - 45°C liegt, dann läge beim Einsatz von Wasser der höchste Prozessdruck zur Kondensation nur bei etwa 0,07 - 0,1 bar und der niedrigste Prozessdruck der Verdampfung bei niedriger Temperatur (etwa 10°C) sogar nur noch bei 0,01 bar. Wegen des extrem hohen spezifischen Volumens des Dampfes (kleine Dichte) bei kleinen Drücken, das etwa 100 mal größer als das der Luft bei Umgebungsdruck ist, wäre die gesamte Anlage und insbesondere der Kompressor sehr groß und natürlich auch entsprechend teuer. Aus diesem Grund wird Wasser bei Kälteprozessen so gut wie nie eingesetzt, obwohl es die bei Weitem besten Eigenschaften besitzt (ungiftig, verfügbar, billig, klimaneutral, keine Ozonschichtschädigung).

Entscheidend bei der Auswahl des Arbeitsmediums ist auch hier der Temperaturbereich, in dem der Prozess arbeiten soll. In Kältemaschinen werden recht häufig organische Stoffe mit niedrigerem Siedepunkt gewählt, z.B. Methan, Butan, Propan, Ammoniak usw., aber auch künstlich hergestellte Stoffe wie FKW und HFKW. Geeignete Arbeitsmedien für Kälteprozesse werden mit einem vorgestellten R und einer meist zwei- oder dreistelligen Nummer bezeichnet.

Umweltschädigung

Die früher verwendeten FCKW wurden aufgrund der nachweislich massiven und lang anhaltenden Schädigung der Ozonschicht zurecht verboten und durch diesbezüglich aufgrund der fehlenden Chloratome unproblematische FKW und HFKW ersetzt (siehe [Matthies (Hrsg.), 2008]). Auch diese sind mittlerweile in die Kritik geraten klimaschädlich zu sein. Dies betrifft auch das häufig eingesetzte HFKW R134a (Tetrafluorethan), das in seinen sonstigen Eigenschaften positiv zu bewerten ist (ungiftig, nicht brennbar).

FCKW zerstören die Ozonschicht. Der Mechanismus der Ozonschichtschädigung beruht auf Halogenradikalen, insbesondere Chlor und Brom, wobei in einem katalytischen Zyklus ein solches Radikal mit einem Faktor 10^5 bis $5 \cdot 10^6$ Ozonmoleküle spalten kann. Dazu kommt ein vieltausendfach höheres Treibhauspotential gegenüber CO_2 ([Matthies (Hrsg.), 2008]). Zusammen mit einer Verweildauer von 44-180 Jahren ist es daher Tatsache, dass die Maßnahmen des Montrealer Protokolls 1987, dem in vielen Ländern das Verbot folgte (Deutschland 1991), erst jetzt, also nach fast 30 Jahren, positive Wirkung auf die Ozonschicht haben.

Zu FKW und HFKW muss ganz deutlich gesagt werden, dass hier ein viel geringeres Schädigungspotential als bei FCKW vorliegt, weil bei Letzteren bereits Spuren ausreichen, den Vorgang in Gang zu setzen und zu stabilisieren. Wenn dagegen

FKW und HFKW in ebenso geringer Konzentration vorliegen würden (also in Spuren), wäre die Auswirkung auf das Klima in Bezug auf einen Treibhauseffekt im Vergleich zu CO_2 wegen der wesentlich geringeren Freisetzungsmenge nur schwer nachweisbar, trotz eines GWP-Faktors bei den HFKW zwischen 120 und 14000 (GWP = Global Warming Potential). HFKW haben im Vergleich zu FKW außerdem eine wesentlich geringere Lebensdauer (HFKW 1,4 bis 270 Jahre, FKW 3000 bis 50000 Jahre, [Matthies (Hrsg.), 2008]) und sind daher die klar bessere Wahl. Um den Einfluss auf den Treibhauseffekt zu verstehen, muss der Freisetzungsmechanismus betrachtet werden. CO_2 wird in erheblichen Mengen auf natürliche Art sowie bei jedem Verbrennungsvorgang freigesetzt, auch bei sog. regenerativen Brennstoffen, und reichert sich an, weil die gleichzeitige Bindung durch Pflanzen und Mineralien derzeit nicht im Gleichgewicht mit der Freisetzung ist.

Wie kann der Treibhauseffekt von Kältemitteln wirkungsvoll vermieden werden?

Ohne Katalysatoreffekt und bei geringer Lebensdauer sind Kältemittel auch klimaseitig dann unproblematisch, wenn sie nur in Spuren in der Atmosphäre vorkommen. Wenn die Freisetzung unter der Abbaurate liegt, ist ein Effekt nicht vorhanden und ein Verbot solcher Stoffe sogar kontraproduktiv, weil jeder bekannte Ersatzstoff auch seine problematische Seite hat, u.a. werden derzeit auch giftige und brennbare Stoffe von politischer Seite favorisiert.

Wie kommen die Kältemittel in die Atmosphäre? Ausgediente Kälteanlagen werden überwiegend geregelt entsorgt, schon alleine weil die betreffenden Anlagen eine hohe Lebensdauer besitzen, so dass einige immer noch die verbotenen FCKW enthalten können, deren Freisetzung unbedingt zu verhindern ist. Dies ist nicht nur in Deutschland verpflichtend. Die Kältemittel aus entsorgten Anlagen werden abgelassen und der Wiederverwendung zugeführt, sofern sie noch zugelassen sind. Auf diesem Weg kommen sie jedenfalls nicht in die Atmosphäre. Bleiben noch drei weitere bedeutsame Fälle:

- Freisetzung des Kältemittels aus Kfz-Klimaanlagen bei Unfällen,
- Freisetzung des Kältemittels in Haushalten oder Gebäuden durch beschädigte (korrodierte) Anlagen oder Anlagenteile (Kompressor),
- Freisetzung durch verbotenes „wildes" Entsorgen.

In den Ländern, in denen die Entsorgung von Altgeräten kostenlos ist, ist der dritte Fall praktisch nicht mehr existent. Daher ist hier klar die Politik gefordert, das *kostenlose* Abgeben grundsätzlich vorzuschreiben.

Der zweite Fall lässt sich auch durch die Einführung von regelmässigen Kontrollen nicht zu 100% vermeiden, denn Beschädigungen können auch durch nicht äußerlich sichtbare Vorgänge ausgelöst werden. Am besten lässt man es gar nicht darauf ankommen und tauscht den Kühlschrank im Haushalt entsprechend rechtzeitig aus. Ein gutes Kriterium ist seine Effizienz: Messen Sie den Stromverbrauch mit einem einfachen Energiekostenmesser über einen Monat hinweg und vergleichen Sie den hochgerechneten Jahreswert (kWh/a) mit dem ursprünglichen Wert sowie mit dem Wert aktueller Geräte. Der Kühlschrank muss dazu zuvor abgetaut werden (sollte man ohnehin regelmäßig tun) und der Kondensator muss frei sein (nicht abgedeckt). Wenn der Wert deutlich über aktuellen Daten liegt, lohnt sich der Austausch auch finanziell gesehen.

Trotz allem wird auf diesem Weg weiterhin das Kältemittel in einem bestimmten kleinen Umfang in die Atmosphäre gelangen. Aber nicht nur dorthin, vorher befindet sich das bei einem Leck schnell verdampfende Kältemittel in hoher Konzentration in der Raumluft der Wohnung. Einige der heute favorisierten Ersatzstoffe für HFKW sind aber ziemlich giftig, so dass ein solches Kältemittel bei Freisetzung in der Nacht (im Schlaf nimmt man keine Gerüche war) höchst problematisch und gesundheits- bis lebensgefährdend ist.

Der erste Fall ist dagegen durch keine Maßnahme wirklich vermeidbar. Mit der Freisetzung durch Unfälle muss also immer gerechnet werden. Hier spielt aber dann ebenfalls die Sicherheit der beteiligten Personen die Hauptrolle, also Unfallopfer und Ersthelfer. Das favorisierte Ersatzmittel für R134a in Kfz ist aber brennbar und erhöht die Gefahren für Opfer und Ersthelfer durch Entzündung erheblich. Hier sollte sich die Gesetzgebung einmal überlegen, ob ein kaum nachweisbarer Klimaeffekt einen höheren Stellenwert als Menschenleben haben darf. Die Menge des insgesamt bei Unfällen freigesetzten Kältemittels wird immer gering sein, eine Klimaerwärmung alleine dadurch kann praktisch ausgeschlossen werden. Die Hochrechnungen beziehen sich immer auf größere Konzentrationen.

Nach diesem Ausflug in die nicht technische Kältemittelproblematik wenden wir uns wieder der Thermodynamik zu.

Dampf-Kältemaschinen

Wegen der einfachen Durchführbarkeit bei gleichzeitig hoher Leistungsziffer eines Dampfprozesses haben sich linkslaufende Dampfprozesse bei Kälteanlagen durchgesetzt. Allerdings benötigt man ein Arbeitsmedium, das für Kühlzwecke geeignete Siede- und Kondensationstemperaturen aufweist, dabei aber möglichst ungiftig und ungefährlich ist.

Wir beginnen die Betrachtung wieder mit einem diesmal linkslaufenden Carnot-Kältemaschinenprozess (Abb. 10.12). Bei der Expansion 3 nach 4 wird wegen des geringen spezifischen Volumens nur sehr wenig Arbeit gewonnen. Daher spart man sich die meist sehr teure Arbeitsmaschine (Turbine oder Kolbenmotor) und ersetzt diese Expansion durch eine Drosselung (vollständig irreversible Zustands-

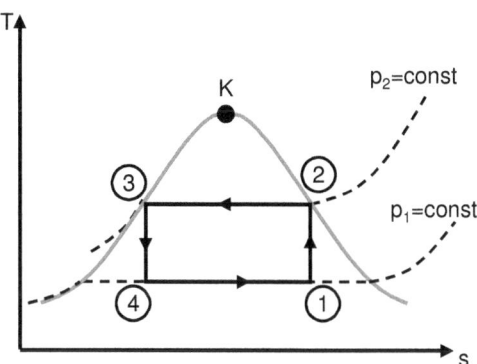

Abbildung 10.12 Linkslaufender Carnot-Kältemaschinenprozess im T-s-Diagramm.

änderung, Abb. 10.13a). Die Verluste sind vergleichsweise klein. Eine Drosselung ist gekennzeichnet durch konstante Enthalpie, h = konst. Die Flüssigkeit kann auch vor der Drosselung unterkühlt werden (Abb. 10.13b), dadurch sinkt zwar die Leistungsziffer, die Kälteleistung q_{41} wird aber größer.

Im Flüssigkeitsgebiet und im gasförmigen Gebiet ist eine Drosselung fast identisch mit der Isothermen. Im Nassdampfgebiet fällt die Temperatur aber mit dem Siededruck ab (beide sind nicht unabhängig voneinander!), die Entropie muss dagegen ansteigen. Den genauen Verlauf der Drosselung kann man aus den Tabellen und Diagrammen für das jeweilige Arbeitsmedium bestimmen.

Auch die Kompression von Nassdampf genau auf den trocken gesättigten Zustand, den der Carnotprozess im Schritt 1 nach 2 erfordert, ist technisch nicht einfach zu realisieren. Insbesondere müsste dieser Schritt langsam erfolgen, weil die flüssigen Tröpfchen erst noch bei der Kompression verdampfen müssen. Daher wird das Arbeitsmedium besser bereits im Punkt 1 vollständig verdampft (trocken gesättigter Dampf, Abb. 10.13 Punkt 1) und nur dieser wird dann ins überhitzte Gebiet komprimiert. Eine typische Dampf-Kältemaschine ist in Abbildung 10.14 dargestellt. Sie besteht nur aus Kompressor, Kondensator, Drossel und Verdampfer. Abbildung 10.15 zeigt die an der Rückseite montierten Komponenten eines handelsüblichen Gefrierschranks.

Das $\log p$-h-Diagramm

Aufgrund des einfachen Prozesses ist es sinnvoll, ein dazu passendes Diagramm

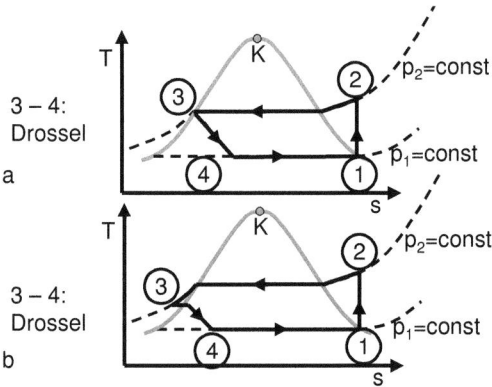

Abbildung 10.13 Kältemaschinenprozess (a) ohne Unterkühlung, (b) mit Unterkühlung im T-s-Diagramm.

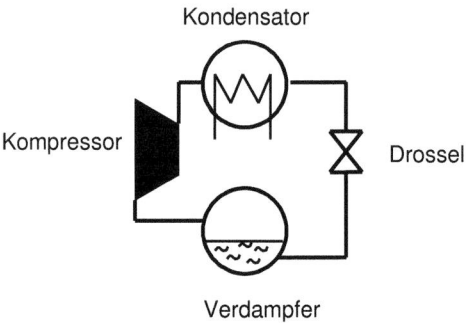

Abbildung 10.14 Schaltbild des typischen Kältemaschinenprozesses (Kühlschrank).

zu verwenden. Trägt man den Druck bzw. aus praktischen Gründen den Logarithmus des Druckes über der Enthalpie auf, sind drei der vier Zustandsänderungen des Prozesses gerade Linien: Kondensation, Verdampfung und Drosselung (Abb. 10.16). Nur die Kompression ist im Allgemeinen keine Gerade.

Bei der Verdampfung und der Kondensation werden die Wärmemengen benötigt,

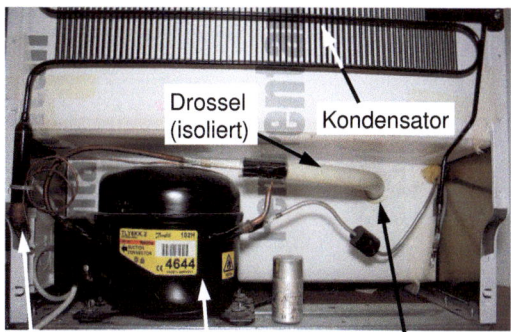

Abbildung 10.15 Komponenten eines handelsüblichen Gefrierschranks.

also die Enthalpiedifferenzen. Die Arbeitsleistung des adiabaten Kompressors ist aber ebenfalls Enthalpiedifferenz, so dass man alle Prozessdaten in diesem Diagramm sehr einfach und schnell ermitteln kann. Weil man bei Angabe eines isentropen Kompressionswirkungsgrades auch den isentropen Endzustand der Kompression benötigt, sind in das Diagramm auch die Isentropenlinien (s = konst., Abb. 10.16) eingetragen.

Maßstäbliche $\log p$-h-Diagramme für verschiedene Kältemittel können schnell und unkompliziert im Internet gefunden werden, wenn man die Suchbegriffe log p h und das Kürzel des gesuchten Kältemittels, also z.B. R134a eingibt. Aus urheberrechtlichen Gründen wird daher hier auf die Abbildung eines maßstäblichen $\log p$-h-Diagramms verzichtet, Abbildung 10.16 zeigt daher nur die prinzipiellen Verläufe.

Die Anwendung ist sehr einfach und kann am besten am Beispiel einer einfachen Prozessrechnung erfolgen. Wir brauchen nur wenige Informationen, die sogar am eigenen Kühl- oder Gefrierschrank schnell bestimmt werden können. Wir benötigen:

- Die angestrebte Kühlraumtemperatur t_K.
- Die Aufstellbedingung des Gerätes, d.h., die Umgebungstemperatur t_U, an die der Kondensator (meist die gitterförmigen Röhren hinten am Gerät) die Wärme abgeben soll. Steht das Gerät frei, dann kann man die Lufttemperatur des Raumes verwenden, ist es dagegen eingebaut, dann muss man die Temperaturerhöhung in dem Raum hinter dem Kühlgerät berücksichtigen. In jedem Fall muss für eine freie Zirkulation gesorgt werden.

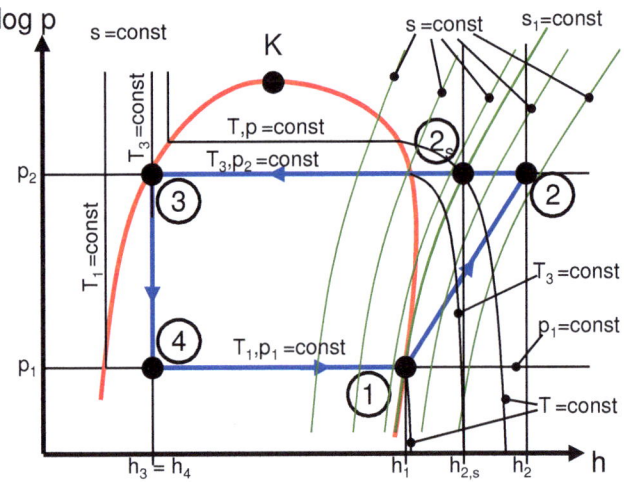

Abbildung 10.16 log$p$-h-Diagramm des typischen Kältemaschinenprozesses (Kühlschrank).

- Den Wirkungsgrad des Kompressors, den wir aber sogar näherungsweise durch eine Temperaturmessung bestimmen können.
- Das eingefüllte Kältemittel.
- Die sogenannte Grädigkeit ΔT der beiden Wärmetauscher (Verdampfer und Kondensator), d.h. die minimal notwendige Temperaturdifferenz zur Wärmeübertragung.

Anwendung des log$p$-h-Diagramms

Ein Gefrierschrank steht in der Küche bei einer Lufttemperatur $t_U = 21°C$. Das Gefrierfach ist auf eine Temperatur von $t_K = -17°C$ eingestellt. Die Grädigkeit von Verdampfer und Kondensator ist $\Delta T = 10$ K. Die Temperaturmessung am Verdichter hat einen isentropen Verdichterwirkungsgrad von $\eta_{s,K} = 70\%$ ergeben. Als Kältemittel ist R134a auf dem Typenschild angegeben, im Kondensator wird das Medium vollständig kondensiert (Punkt 3), im Verdampfer gerade vollständig verdampft.

1. Suchen Sie ein log$p$-h-Diagramm für R134a mit geeigneter Auflösung im Internet und drucken Sie es aus.
2. Bestimmen Sie den Druck im Verdampfer $p_4 = p_1$ und im Kondensator $p_2 = p_3$.
3. Bestimmen Sie die technische Arbeit des Kompressors.

4. Bestimmen Sie die Enthalpien der vier Zustandspunkte h_1 bis h_4.
5. Bestimmen Sie die spezifischen Wärmemengen in Verdampfer (q_{zu}) und Kondensator (q_{ab}).
6. Bestimmen Sie die Leistungsziffer ε.
7. Wie verändert sich diese, wenn durch Eisbildung im Gefrierraum die Grädigkeit des Verdampfers auf $\Delta T_V = 17$ K ansteigt?

Lösung

1. Sollte keine Schwierigkeit bereiten.

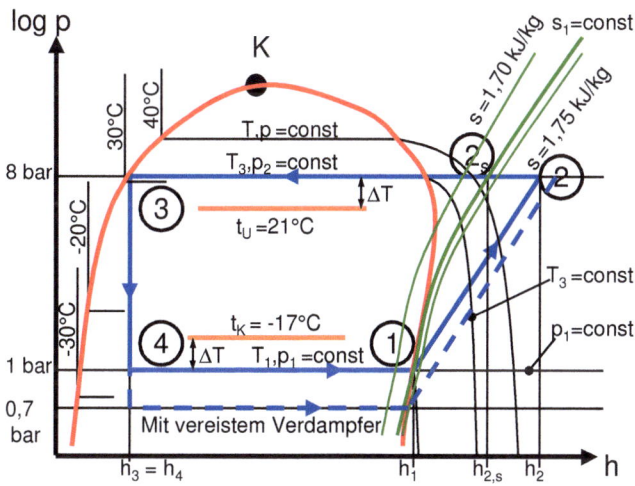

Abbildung 10.17 log$p$-h-Diagramm für die Beispielaufgabe (Gefrierschrank) mit Werten von R134a.

2. Die Gefrierraumtemperatur ist $t_K = -17°$C, die Grädigkeit $\Delta T = 10$ K. Aus dem Gefrierraum soll Wärme aufgenommen werden, d.h. das Arbeitsmedium muss kälter sein:

$$t_1 = t_K - \Delta T = -27°\text{ C}$$

Die Umgebungstemperatur ist $t_U = 21°$C. An die Umgebung soll Wärme abgegeben werden, d.h. das Arbeitsmedium muss heißer sein:

$$t_3 = t_u + \Delta T = 31°\text{ C}$$

Beide Temperaturen sind die Sättigungstemperaturen bei den entsprechenden Drücken, aus dem maßstäblichen Diagramm kann man daher ablesen (Prinzip ist in Abb. 10.17 gezeigt):

$$p_1 = 1 \text{ bar}$$
$$p_2 = 8 \text{ bar}$$

3. Der Zustandspunkt 1 hat eine aus dem Diagramm abgelesene Enthalpie $h_1 \approx 381$ kJ/kg, Die Ablesegenauigkeit richtet sich nach dem verwendeten Diagramm. Der Punkt 1 liegt zwischen den Entropielinien $s = 1,70$ und $s = 1,75$ kJ/kgK, näher an 1,75 kJ/kgK (Abb. 10.17). Diese beiden Isentropenlinien werden nun bis zum Druck $p_2 = 8$ bar verfolgt und der Abstand bei 8 bar im selben Verhältnis geteilt wie der Punkt 1 dies bei 1 bar vorgibt. An der ermittelten Stelle liegt der isentrope Kompressionspunkt 2_s. Wir erhalten eine Enthalpie von $h_{2s} \approx 425$ kJ/kg bei einer Temperatur $t_{2s} \approx 40°$C. Aufgrund der Definition des isentropen Wirkungsgrades ist:

$$h_2 = h_1 + \frac{h_{2s} - h_1}{\eta_{s,K}} = 444 \text{ kJ/kg}$$

Die spezifische technische Arbeit der Kompression ist:

$$w_\text{t} = h_2 - h_1 = 63 \text{ kJ/kg}$$

4. Die Enthalpie am Punkt 3 liest man bei 8 bar auf der gerade siedenden Flüssigkeit ab, $h_3 \approx 244$ kJ/kg. Nachdem an der Drossel $h_3 = h_4$ gilt, ist dies auch der Wert am Verdampfereintritt. Die gesuchten Enthalpien sind daher:

$$h_1 = 381 \text{ kJ/kg}$$
$$h_2 = 444 \text{ kJ/kg}$$
$$h_3 = h_4 = 244 \text{ kJ/kg}$$

5. Es ist:

$$q_\text{zu} = h_1 - h_4 = 137 \text{ kJ/kg}$$

Nachdem eine Kälteanlage vorliegt, ist dies der Nutzen der Leistungsziffer.

$$q_\text{ab} = h_3 - h_2 = -200 \text{ kJ/kg}$$

Bei einer Wärmepumpe wäre diese Wärme der Nutzen, weil es die Heizwärme zur Raumbeheizung wäre.

6. Als Kälteanlage ist die Leistungsziffer also:

$$\varepsilon = \frac{q_\text{zu}}{w_\text{t}} = 2,17$$

7. Steigt die Grädigkeit im Kühlraum durch Eisbildung an, muss auch die Verdampfungstemperatur sinken, d.h.:

$$t_{1'} = t_K - \Delta T = -34° \text{ C}$$

Dadurch geht der Verdampfungsdruck auf $p_{1'} = 0,7$ bar zurück. Die Enthalpie des Punktes 1' ist jetzt nur noch $h_{1'} = 376$ kJ/kg. Der Punkt 1' liegt genau auf der Entropielinie $s_{1'} = 1,75$ kJ/kgK, so dass $h_{2s'} = 428$ kJ/kg ist. Damit erhalten wir:

$$h_{2'} = h_{1'} + \frac{h_{2s'} - h_{1'}}{\eta_{s,K}} = 450 \text{ kJ/kg}$$

Enthalpie und Temperatur nach der Kompression sind also höher. Die Punkte 3 und 4 bleiben dagegen in ihrer Enthalpie unverändert $h_3 = h_4 = 244$ kJ/kg. Die spezifische technische Arbeit der Kompression ist jetzt ebenfalls deutlich höher:

$$w_{t'} = h_{2'} - h_{1'} = 74 \text{ kJ/kg}$$

Dafür sinkt die aufgenommene Wärme im Kühlraum:

$$q_{\text{zu}'} = h_{1'} - h_{4'} = 132 \text{ kJ/kg}$$

Die Leistungsziffer ist also nur noch:

$$\varepsilon' = \frac{q_{\text{zu}'}}{w_{t'}} = 1,78$$

Der Stromverbrauch des Kühlschranks steigt also bei gleicher Kälteleistung um

$$\frac{\frac{1}{\varepsilon'} - \frac{1}{\varepsilon}}{\frac{1}{\varepsilon}} = 21\%$$

an. Bereits kleine Eisschichten erhöhen die Betriebskosten erheblich, daher sollte man einen Kühl- oder Gefrierschrank regelmässig abtauen, spätestens bei Beginn der Eisbildung, denn je dicker die Eisschicht, desto tiefer die Verdampfertemperatur und desto schneller wächst die Schicht. Der Kompressor verbraucht mehr Strom, weil die Kompression von einem niedrigeren Druck aus erfolgt, die Verdampferleistung sinkt (Abb. 10.17). Einen ähnlichen Effekt erhält man, wenn man die Luftzirkulation am Kondensator verschlechtert, etwa durch Abdecken (Handtücher) oder durch Einbau ohne Zuluftschlitz unter dem Kühlschrank (meist in der Wischleiste). Hier erhöht sich dann unnötig der Kompressionsenddruck.

11 Feuchte Luft

Trockene Luft Trockene Luft ist ein Gasgemisch mit einer im Wesentlichen festen Zusammensetzung. Der Hauptbestandteil ist Stickstoff, danach kommt Sauerstoff und schließlich Argon als drittwichtigster Teil. Alle anderen Bestandteile ab Kohlendioxid sind in so geringer Konzentration enthalten, dass ihre Wirkung auf die Stoffwerte vernachlässigbar ist. Alle Bestandteile verhalten sich unter typischen atmosphärischen Bedingungen wie ideale Gase, daher ist trockene Luft selbst ein ideales Gas. Der Bestandteil, der am ehesten bei geringen Temperaturen vom idealen Gas abweicht, ist aufgrund seines hohen Partialdruckes der Stickstoff. Unter etwa $-20°C$ wird die Idealgasannahme immer schlechter.

Feuchte Luft Die Umgebungsluft enthält allerdings einen stark variablen Anteil an Wasserdampf, der zu deutlichen Veränderungen der Zusammensetzung führt. Daher sind auch die Stoffwerte des Gemisches, insbesondere Gaskonstante R und Wärmekapazitäten c_p und c_v, in Abhängigkeit von den Umgebungsbedingungen variable Größen. Im Bereich $0°C$ und $100°C$ Lufttemperatur kann der Anteil des Wasserdampfs am Gemisch theoretisch zwischen fast 0% und fast 100% variieren, d.h. eine ständige Neuberechnung der Gemischzusammensetzung nach dem Muster der Gasgemische idealer Gase wäre zwar möglich, aber nicht zweckmäßig.

Zur Erinnerung: Die spezifischen Zustandsgrößen werden bei Gasgemischen auf die Gesamtmasse bezogen, d.h. beim Gemisch von trockener Luft mit einer bestimmten Menge Wasserdampf:

$$m_G = m_{trL} + m_D$$

$$g_{trL} = \frac{m_{trL}}{m_{trL} + m_D}$$

$$g_D = \frac{m_D}{m_{trL} + m_D}$$

$$H_G = H_{trL} + H_D = m_{trL} h_{trL} + m_D h_D$$

$$h_G = \frac{H_G}{m_G} = \frac{m_{trL}}{m_G} h_{trL} + \frac{m_D}{m_G} h_D = g_{trL} h_{trL} + g_D h_D$$

Die Einheit der Enthalpie des Gemisches ist hier kJ/kg$_G$.

Bezugsmenge spezifischer Größen ist nur die Masse der trockenen Luft

Bei einer festen Menge trockener Luft und einer variablen Menge Wasserdampf wäre also bei den spezifischen Zustandsgrößen h, u und v die Bezugsmenge m_G

ständig anzupassen, wenn sich der Wassergehalt der Luft ändern würde. Bereits die Darstellung in gängigen h-s-Diagrammen wäre nicht mehr möglich, weil in diesen stillschweigend vorausgesetzt wird, dass sich weder die Zusammensetzung noch die gasförmige Masse bei Zustandsänderungen ändert. Bei einem Verdunstungsvorgang von flüssigem Wasser passiert aber beides, so dass man bei der Darstellung und der Berechnung spezifischer Größen bei feuchter Luft eine konstante Bezugsmenge wählen muss: Abweichend vom Vorgehen bei anderen Gasgemischen wird bei feuchter Luft auf die in der Menge unveränderliche **trockene Luftmenge** bezogen und der variable Wasseranteil über den Wassergehalt x bzw. Dampfgehalt x berücksichtigt.

An die Stelle der Massenanteile g_i eines Gasgemisches treten bei feuchter Luft Dampfgehalt x_D, Gehalt an flüssigem Wasser x_W und gegebenenfalls der Gehalt an Eis x_E bei Temperaturen unter 0°C:

$$m_G = m_{trL} + m_D + m_W + m_E$$

Alle Größen werden auf die trockene Luftmenge bezogen:

$$\frac{m_G}{m_{trL}} = \frac{m_{trL}}{m_{trL}} + \frac{m_D}{m_{trL}} + \frac{m_W}{m_{trL}} + \frac{m_E}{m_{trL}}$$

Der Dampfgehalt x_D ist definiert durch:

$$x_D = \frac{m_D}{m_{trL}}$$

Der Wassergehalt x_W ist definiert durch:

$$x_W = \frac{m_W}{m_{trL}}$$

Der Eisgehalt x_E ist definiert durch:

$$x_E = \frac{m_E}{m_{trL}}$$

Wir erhalten:

$$\frac{m_G}{m_{trL}} = 1 + x_D + x_W + x_E$$

Dampfdruck und relative Feuchte RH

Die flüssigen und eisförmigen Bestandteile der feuchten Luft müssen nur in der Energiebilanz berücksichtigt werden, auf das thermische Verhalten der beiden gasförmigen Bestandteile (trockene Luft und Wasserdampf) haben sie dagegen keinen

Einfluss, insbesondere weil das Volumen, das diese im Gemisch einnehmen, vernachlässigbar gegen das Gasvolumen ist. Wir betrachten also zunächst nur das thermische Verhalten auf der Basis der beiden gasförmigen Bestandteile.

Dampfdruck des Wasserdampfes Der Gesamtdruck des Gemisches setzt sich aus den Partialdrücken der Bestandteile zusammen (Daltonsches Gesetz):

$$p = p_{trL} + p_D$$

Beide Bestandteile nehmen das gesamte Volumen ein:

$$p_{trL} V = m_{trL} R_{trL} T$$

$$p_D V = m_D R_D T$$

Aufgrund des Daltonschen Gesetzes

$$(p - p_D)V = m_{trL} R_{trL} T$$

erhalten wir:

$$\frac{p_D}{p - p_D} = \frac{m_D}{m_{trL}} \frac{R_D}{R_{trL}} = x_D \frac{R_D}{R_{trL}}$$

Dampfdruck und Wassergehalt in Dampfform lassen sich also ineinander umrechnen:

$$x_D = \frac{M_D}{M_{trL}} \frac{p_D}{p - p_D} = 0,622 \frac{p_D}{p - p_D}$$

Hierbei ist $M_D = 18,01$ kg$_D$/kmol und $M_{trL} = 28,96$ kg$_{trL}$/kmol. Der Faktor 0,622 hat daher die Einheit kg$_D$/kg$_{trL}$, diese Einheit hat auch x_D.

Relative Feuchte Die relative Feuchte RH definiert sich aus dem Dampfdruck des Wasserdampfes p_D zum maximal möglichen Dampfdruck, also dem Sättigungsdruck $p_S(t)$ bei der jeweiligen Temperatur t. Dieser wächst mit der Temperatur an, bei 100°C erreicht der Sättigungsdruck genau 1,013 bar (Definition von 100°C). Der Dampfdruck kann im thermodynamischen Gleichgewicht nie größer sein als der Sättigungsdruck. Versucht man darüber hinaus Wasser einzubringen, kondensiert entweder Wasser aus, was zu Nebelbildung führt oder es desublimiert unter 0°C als Rauhreif.

$$RH = \frac{p_D}{p_S(t)} 100\%$$

Es ist:

$$\frac{M_{trL}}{M_D} x_D (p - p_D) = p_D$$

$$\frac{M_{trL}}{M_D} x_D p = p_D \left(1 + \frac{M_{trL}}{M_D} x_D\right)$$

$$p_D = p \frac{M_{trL}}{M_D} \frac{x_D}{1 + \frac{M_{trL}}{M_D} x_D}$$

$$RH = \frac{p}{p_S(t)} \frac{M_{trL}}{M_D} \frac{x_D}{1 + \frac{M_{trL}}{M_D} x_D} 100\%$$

$$RH = \frac{p}{p_S(t)} \frac{1{,}608 x_D}{1 + 1{,}608 x_D} 100\%$$

$$RH = \frac{p}{p_S(t)} \frac{x_D}{0{,}622 + x_D} 100\%$$

Der Faktor 1,608 hat die Einheit kg$_{trL}$/kg$_D$, dementsprechend hat die Zahl 0,622 die Einheit kg$_D$/kg$_{trL}$, darf also zu x_D addiert werden.

Enthalpie

Für die Enthalpie der feuchten Luft erhalten wir:

$$H_{fL} = H_{trL} + H_D = m_{trL} h_{trL} + m_D h_D$$

$$h_{fL} = \frac{H_{fL}}{m_{trL}} = \frac{m_{trL}}{m_{trL}} h_{trL} + \frac{m_D}{m_{trL}} h_D$$

$$h_{fL} = h_{trL} + x_D h_D$$

Die Einheit der Enthalpie des Gemisches und aller Terme in dieser Gleichung ist kJ/kg$_{trL}$.

Befindet sich neben dampfförmigem Wasser auch noch flüssiges Wasser in der Luft, z.B. bei Nebel, dann wird die Gesamtenthalpie aus allen drei Bestandteilen errechnet und ebenfalls auf die unveränderliche trockene Luftmenge bezogen:

$$H_{fL} = H_{trL} + H_D + H_W = m_{trL} h_{trL} + m_D h_D + m_W h_W$$

$$h_{fL} = \frac{H_{fL}}{m_{trL}} = h_{trL} + \frac{m_D}{m_{trL}} h_D + \frac{m_W}{m_{trL}} h_W$$

$$h_{fL} = h_{trL} + x_D h_D + x_W h_W$$

Schließlich gibt es am Tripelpunkt des Wassers (0,01°C ≈ 0°C) auch noch die Möglichkeit, dass alle drei Phasen im thermodynamischen Gleichgewicht stehen. Neben dem dampfförmigen Anteil und flüssigen Nebeltröpfchen kann dann auch eine variable Menge an fein verteilten Eiskristallen in der Luft vorhanden sein, der sogenannte Eisnebel. Auch in der Enthalpiegleichung wird dann die Enthalpie des Eisanteils nach gleichem Muster ergänzt:

$$h_{fL} = h_{trL} + x_D h_D + x_W h_W + x_E h_E$$

Der Tripelpunktszustand ist nicht eindeutig, da letztlich bei gleichem Dampfdruck und gleicher Temperatur die gesamte Wassermenge aus beliebigen Anteilen an Wasser und Eis bestehen könnte. In jeder Zusammensetzung liegt das thermodynamische Gleichgewicht vor.

Innere Energie, Entropie und spezifisches Volumen

Auch die anderen spezifischen Größen werden nach diesem Prinzip definiert, z.B die innere Energie

$$u_{fL} = u_{trL} + x_D u_D + x_W u_W + x_E u_E,$$

die Entropie

$$s_{fL} = s_{trL} + x_D s_D + x_W s_W + x_E s_E,$$

und das spezifische Volumen

$$v_{fL} = v_{trL} + x_D v_D + x_W v_W + x_E v_E$$

Solange die relative Wassermenge x_W oder die relative Eismenge x_E nicht viel größer sind als der Dampfgehalt x_D, ist das spezifische Volumen des Wassers oder Eises allerdings gegen das spezifische Volumen des Wasserdampfes vernachlässigbar:

$$v_{fL} \approx v_{trL} + x_D v_D$$

Nullpunkte der Enthalpie, inneren Energie und der Entropie der Bestandteile

Konventionsgemäß wird der Enthalpienullpunkt bei der Berechnung der feuchten Luft als Gemisch aus trockener Luft und Wasser in seinen drei unterschiedlichen Phasen bei 0°C festgelegt. Wegen der unterschiedlichen Energiezustände der drei Phasen von Wasser bei 0°C, muss man allerdings auch die Phase definieren, bei der die Enthalpie null ist:

Der Nullpunkt von Enthalpie, innerer Energie und Entropie wird für die trockene Luft und für das Wasser bei 0°C definiert. Für den Stoff Wasser ist dabei die flüssige Phase gemeint.

Zum Gefrieren muss dem flüssigen Wasser Wärme entzogen werden. Enthalpie, innere Energie und Entropie des Eises bei 0°C sind daher negativ. Zum Verdampfen bei 0°C muss dem flüssigen Wasser Wärme zugeführt werden. Enthalpie, innere Energie und Entropie des Dampfes bei 0°C sind daher positiv und wegen der hohen Verdampfungswärme von Wasser sogar sehr groß.

Enthalpie und innere Energie

Am Nullpunkt der Enthalpie von flüssigem Wasser, also 0°C, gilt:

$$h_W(0°C) = 0 \text{ kJ/kg}_W$$

$$h_E(0°C) = h_W(0°C) - r_S = -335 \text{ kJ/kg}_E$$

$$h_D(0°C) = h_W(0°C) + r_0 = 2502 \text{ kJ/kg}_D$$

Hierbei ist r_S die Schmelzwärme und r_0 die Verdampfungswärme von Wasser, jeweils bei 0°C.

Innere Energie und Enthalpie hängen für alle Stoffe über die Definition der Enthalpie miteinander zusammen:

$$h = u + pv$$

Das spezifische Volumen von Wasser oder Eis ist bei 0°C sehr klein ($\approx$ 0,001 m³/kg), so dass sich Enthalpie und innere Energie bei diesen beiden Stoffen fast nicht unterscheiden:

$$h_W \approx u_W, \qquad h_E \approx u_E$$

Auch zwischen den Wärmekapazitäten bei konstantem Druck und bei konstantem Volumen wird üblicherweise nicht mehr unterschieden. Das spezifische Volumen des Wasserdampfes unter geringem Partialdruck ist dagegen sehr groß, so dass sich Enthalpie und innere Energie stark unterscheiden:

$$u_D = h_D - pv = h_D - R_D T$$

Hierbei ist R_D die Gaskonstante des Wasserdampfes, $R_D = \bar{R}/M_D = 462$ kJ/kgK. Die innere Energie werden wir aber nur selten benötigen, da bei stationären Fließprozessen nur die Enthalpie auftritt. Sollte ein Vorgang mit feuchter Luft isochor ablaufen, kann man mit dieser Formel (angewendet auf alle Bestandteile) von h auf u umrechnen.

Entropie

Am Nullpunkt der Enthalpie von flüssigem Wasser, also 0°C, gilt:

$$s_W(0°C) = 0 \text{ kJ/kg}_W\text{K}$$

Beim Gefrieren bei 0°C wird die Schmelzwärme r_S entzogen. Nach dem 2. Hauptsatz gilt beim isothermem Schmelzen, Gefrieren, Verdampfen oder Kondensieren:

$$T ds = dq + dw_R = dq$$

Somit:
$$\Delta s = \frac{\Delta q}{T} = \frac{\pm r}{T}$$

Folglich ist:
$$s_E(0°C) = \frac{-r_S}{T} = -1,226 \text{ kJ/kg}_E\text{K}$$

$$s_D(0°C) = \frac{+r_0}{T} = 9,1598 \text{ kJ/kg}_D\text{K}$$

Berechnung der Enthalpiewerte feuchter Luft aus der Temperatur t in °C

Die Enthalpie wird nun aus den spezifischen Wärmekapazitäten der trockenen Luft (c_{pL}), des Wasserdampfes (c_{pD}), des Wassers (c_{pW}) und des Eises (c_{pE}) sowie der Schmelzwärme und der Verdampfungswärme bestimmt. Die Wärmekapazitäten werden dabei im normalerweise betrachteten Temperaturbereich (-20°C - 100°C) als in guter Näherung konstant angenommen. Somit gilt:

$$h_{trL} = c_{pL} t$$

$$h_D = r_0 + c_{pD} t$$

$$h_W = c_{pW} t$$

$$h_E = -r_S + c_{pE} t$$

Man beachte, dass bei Eis die Temperatur t in °C stets negativ ist. Wenn zusätzlich zum Wasserdampf flüssiges und oder festes Wasser im Gemisch enthalten ist, muss im thermodynamischen Gleichgewicht der Dampfdruck des Wasserdampfes gleich dem Sättigungsdruck der Temperatur sein, zu diesem gehört dann euch ein ganz bestimmter Dampfgehalt $x_D = x_S$. Diesen kann man aus dem Verhalten idealer Gase und der Gasgleichung ableiten (s.o.). Es ist:

$$x_S(t) = \frac{18,01}{28,97} \frac{p_S(t)}{p - p_S(t)} = 0,622 \frac{p_S(t)}{p - p_S(t)}$$

Enthalpie der feuchten Luft

Wenn man mit x den gesamten Wasseranteil aller Phasen bezeichnet, also $x = x_D + x_W + x_E$, kann man die allgemeinen Enthalpiegleichungen der feuchten Luft mit einer, zwei oder drei Phasen des Wassers aufstellen.

Ist **nur dampfförmiges** Wasser enthalten, kann der Dampfgehalt x_D zwischen 0 und dem Sättigungswert $x_S(t)$ bei der jeweiligen Temperatur variieren. Ebenso schwankt die relative Feuchte RH dann zwischen 0 und 100%:

$$h_{fL} = c_{pL}t + x_D(r_0 + c_{pD}t)$$

Erreicht der Dampfdruck des Wasserdampfes den Sättigungswert bei der jeweiligen Temperatur, $p_D = p_S(t)$, $x_D = x_S$ kann ein darüber hinausgehender Wasseranteil nur noch flüssig ($t \geq 0°C$), eisförmig ($t \leq 0°C$) oder in allen drei Phasen (am Tripelpunkt $t = 0°C$) vorliegen. Die allgemeine Enthalpiegleichung der feuchten Luft mit **zwei Phasen** des Wassers ist für $t > 0°C$ (Nebelgebiet):

$$x = x_S + x_W$$

$$h_{fL} = c_{pL}t + x_S(r_0 + c_{pD}t) + (x - x_S)c_{pW}t$$

Für $t < 0°C$ (Eisnebelgebiet):

$$x = x_S + x_E$$

$$h_{fL} = c_{pL}t + x_S(r_0 + c_{pD}t) + (x - x_S)(-r_S + c_{pE}t)$$

Nur bei $t = 0°C$ können alle **drei Phasen** im thermodynamischen Gleichgewichtszustand vorliegen:

$$x = x_S + x_W + x_E$$

$$h_{fL} = c_{pL}t + x_S(r_0 + c_{pD}t) + x_W c_{pW}t + (x - x_S - x_W)(-r_S + c_{pE}t)$$

Einzusetzende Stoffwerte (im betrachteten Bereich alle als konstant anzusehen):

$$c_{pL} = 1,004 \frac{kJ}{kg\,K}$$

$$c_{pD} = 1,92 \frac{kJ}{kg\,K}$$

$$c_{pW} = 4,19 \frac{kJ}{kg\,K}$$

$$c_{pE} = 2,1 \frac{kJ}{kg\,K}$$

$$r_0 = 2502 \frac{kJ}{kg}$$

$$r_S = 335 \frac{kJ}{kg}$$

Das Mollier h-x-Diagramm

Im Mollier h-x-Diagramm (Abb. 11.1) können Zustandsänderungen bei einem konstanten Druck dargestellt und in einem maßstäblichen Diagramm auch quantitativ bestimmt werden. Das Diagramm ist als schiefwinkliges Diagramm ausgeführt, d.h. die Linien konstanter Enthalpie sind gegen die Horizontale geneigt, sie fallen ab. Der einfache Grund ist, dass ohne diese Neigung in einem rechtwinkligen Diagramm der eigentlich interessanteste Bereich unter 100% relativer Feuchte sehr schmal ausfallen würde und das Nebelgebiet mit Abstand den größten Bereich einnehmen würde. Durch die schiefwinklige Darstellung wird der ungesättigte Bereich unter 100% RH auseinandergezogen und besser ablesbar.

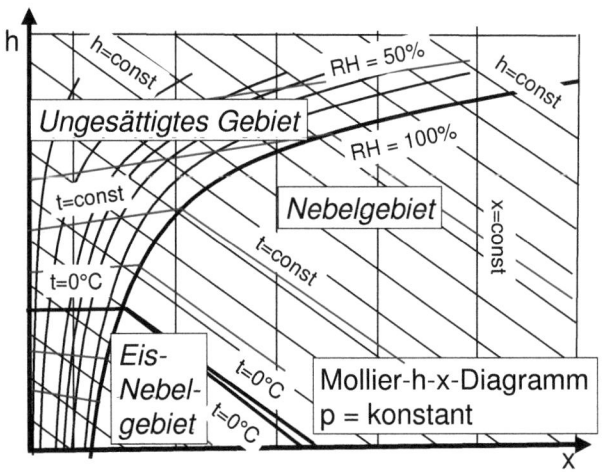

Abbildung 11.1 Mollier-h-x-Diagramm: Linien konstanter Größen.

Die Neigung der Linien h = konst. ist dabei konventionsgemäß so gewählt, dass die 0°C-Isotherme im ungesättigten Gebiet gerade horizontal verläuft:

$$h_{\text{fL}} = c_{\text{pL}}t + x_{\text{D}}(r_0 + c_{\text{pD}}t)$$

Mit $x = x_{\text{D}}$ wird:

$$\frac{\partial h_{\text{fL}}}{\partial x}\bigg|_{t=0°\text{C}} = r_0$$

Die Linien h = konst. verlaufen daher mit einer Steigung von $-r_0$ (Abb. 11.1). Für Temperaturen über 0°C steigen die Isothermen im ungesättigten Gebiet leicht an, dies liegt an der wegen r_0 mit größerem Wassergehalt x steigenden Enthalpie in diesem Bereich:

$$\frac{\partial h_{fL}}{\partial x} = r_0 + c_{pD} t > r_0$$

Unterhalb von 0°C fallen die Isothermen im ungesättigten Gebiet leicht ab:

$$\frac{\partial h_{fL}}{\partial x} = r_0 + c_{pD} t < r_0$$

An der Sättigungsgrenze RH = 100% knicken die Isothermen dann ab und verlaufen fast parallel zu den Linien h = konst. (Abb. 11.1):

$$h_{fL} = c_{pL} t + x_S (r_0 + c_{pD} t) + (x - x_S) c_{pW} t$$

x_S ist jetzt konstant, so dass sich der variable Anteil x des Wassergehaltes nur noch auf das flüssige Wasser bezieht. Für $t > 0$°C gilt:

$$\frac{\partial h_{fL}}{\partial x} = c_{pW} t > 0$$

Für $t < 0$°C gilt:

$$\frac{\partial h_{fL}}{\partial x} = -r_S + c_{pE} t < 0$$

Nachdem im gesamten betrachteten Bereich $r_0 \gg c_{pW} t$ gilt, sind die Isothermen im Nebelgebiet nur geringfügig weniger geneigt als die Isenthalpen. Im Eisnebelgebiet sind sie geringfügig stärker geneigt (Abb. 11.1). Deswegen gibt es im Nebelgebiet auch zwei 0°C-Isothermen, denn die Steigungen der normalen Nebel- und der Eisnebelisothermen sind um $-r_S$ unterschiedlich. In dem schmalen Dreieck zwischen diesen beiden Isothermen befindet sich das gesamte Tripelpunktsgebiet, in dem Wasserdampf, flüssiges Wasser und Eis bei gleicher Temperatur gleichzeitig existieren.

Zustandsänderungen feuchter Luft

Wir betrachten hier nur die Zustandsänderungen bei konstantem Druck p bei denen entweder die Enthalpie h_{fL} oder der Wassergehalt x oder die Phasen des Wassers x_D, x_W, x_E ineinander umgewandelt werden. Zustandsänderungen mit gleichzeitiger Druckänderungen können aber mit den Grundgleichungen ebenfalls berechnet werden. Bei isobaren Zustandsänderungen ist auch die Anwendung des h-x-Diagrammes für feuchte Luft bei einem festen Gesamtdruck p (meistens $p = 1$ bar) möglich, in dem man alle isobaren Zustandsänderungen darstellen kann.

Die Grundprinzipien sind recht einfach:

- Bei isobarer Erwärmung, Abkühlung oder bei Zufuhr technischer Arbeit (z.B. durch ein Gebläse) bleibt der gesamte Wassergehalt x konstant, es können aber die unterschiedlichen Phasen ineinander umgewandelt werden.
- Bei Zufuhr von flüssigem Wasser oder Wasserdampf wird der trockene Luftanteil nicht verändert, zum gesamten Wassergehalt x wird die Wassermenge addiert und auf die trockene Luftmenge bezogen. Ebenfalls addieren sich die Gesamtenthalpien H der feuchten Luft mit denen des Wassers oder Dampfes.
- Bei Mischungen von feuchten Luftströmen wird der Mischzustand aus der Addition der trockenen Luftmengen, der Wassergehalte und der Gesamtenthalpien H bestimmt.
- Wenn nach einer Zustandsänderung der Wassergehalt x größer als der zur Temperatur gehörige Sättigungswassergehalt $x_S(t)$ ist, fällt ab dem *Taupunkt* die Menge $x - x_S(t)$ an flüssigem oder eisförmigem Wasser aus (Kondensation oder Desublimation).

Erwärmung oder Abkühlung und Leistungszufuhr durch ein Gebläse

Wir betrachten ausschließlich stationäre Zustandsänderungen. Der gesamte absolute Wassergehalt x bleibt konstant, die Phasen werden gegebenenfalls ineinander umgewandelt. Nach dem 1. Hauptsatz der Thermodynamik gilt zwischen den zwei Zustandspunkten 1 und 2:

$$\dot{Q} + P + \dot{H}_1 - \dot{H}_2 = 0$$

Nach Division mit dem bei dieser Zustandsänderung unveränderten trockenen Luftstrom $\dot{m}_{trL}$ erhält man:

$$q + w_t + h_1 - h_2 = 0$$

Die technische Arbeit w_t und die spezifische Wärme q beziehen sich daher ebenfalls auf die trockene Luft. Aus dem bekannten Zustand 1 lässt sich also der Zustand 2 berechnen:

$$h_2 = h_1 + q + w_t$$

$$x_2 = x_1$$

Erwärmung oder Leistungszufuhr Die technische Arbeit ist bei einer isobaren Zustandsänderung immer größer null, weil aus der Isobaren keine Nutzarbeit gewonnen werden kann. Frei werdende Volumenänderungsarbeit wird in Verdrängungsarbeit der Umgebung umgesetzt. Folglich führt w_t wie eine Wärmezufuhr q_{zu} immer zu einer höheren Enthalpie und zu einer geringeren relativen Feuchte (Abb. 11.2, 1 nach 2).

Mit der Enthalpie h_2 kann dann auch die Temperatur t_2 berechnet oder aus einem maßstäblichen Diagramm abgelesen werden.

$$h_2 = c_{pL} t_2 + x_S (r_0 + c_{pD} t_2)$$

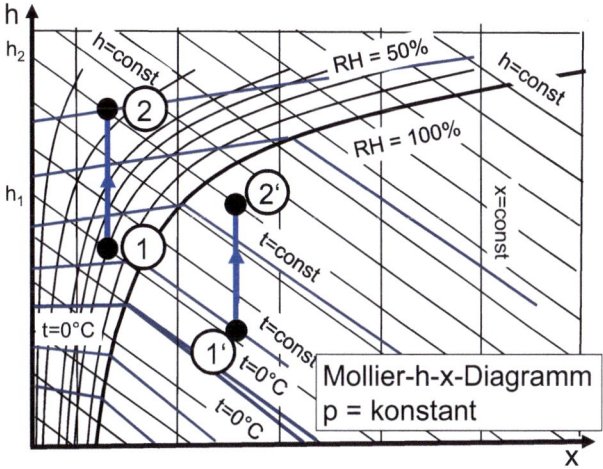

Abbildung 11.2 Mollier-h-x-Diagramm: Erwärmung oder Leistungszufuhr.

Alle anderen Größen wie der Dampfdruck, die relative Feuchte oder das spezifische Volumen werden wie oben angegeben berechnet bzw. abgelesen.

Erwärmt man aus dem Nebelgebiet heraus und bleibt im Nebelgebiet (Abb. 11.2, 1' nach 2'), muss sowohl für den Punkt 1' als auch den Punkt 2' die passende Enthalpiebeziehung gewählt werden, also z.B.:

$$h_{2'} = c_{pL} t_{2'} + x_S (r_0 + c_{pD} t_{2'}) + (x - x_S) c_{pW} t_{2'}$$

Abkühlung Bei einer Abkühlung beginnt die Kondensation (oder Desublimation) genau bei der Temperatur t_S, bei der x gleich dem Sättigungsdruck $x_S(t_S)$ ist. Dies ist der Taupunkt (Abb. 11.3). Kühlt man die feuchte Luft weiter unter die Taupunktstemperatur ab, kondensiert eine bestimmte Wassermenge Δx aus, die sich aus dem Ausgangswert x_1 und dem Sättigungswert $x_S(t_2)$ bei der Endtemperatur der Abkühlung berechnet:

$$q = -q_{ab}$$
$$h_2 = h_1 - q_{ab}$$

Landet man im Nebelgebiet oberhalb des Tripelpunktes, wird die Temperatur t_2 mit folgender Beziehungen bestimmt:

$$h_2 = c_{pL} t_2 + x_S (r_0 + c_{pD} t_2) + (x - x_S) c_{pW} t_2$$

$$x_{\text{S}}(t_2) = 0{,}622 \frac{p_{\text{S}}(t_2)}{p - p_{\text{S}}(t_2)}$$

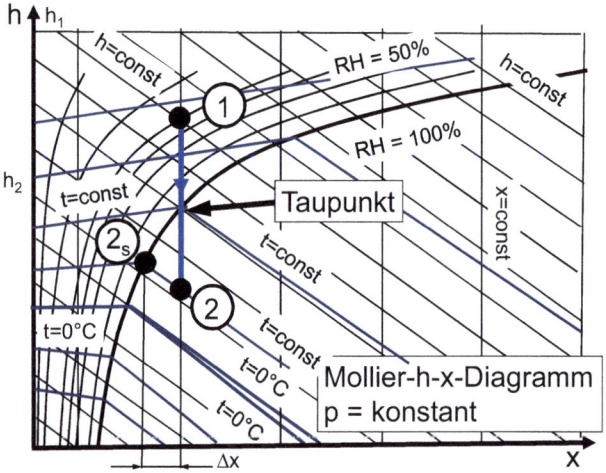

Abbildung 11.3 Mollier-h-x-Diagramm: Abkühlung bis unter den Taupunkt.

Nachdem der Sättigungsdruck p_{S} normalerweise nicht als Funktion vorliegt, muss man die beiden Gleichungen iterativ lösen. Man schätzt zunächst t_2 ab, z.B. aus einem maßstäblichen Diagramm, ermittelt hieraus $p_{\text{S}}(t_2)$ und $x_{\text{S}}(t_2)$ und berechnet t_2 aus der Enthalpiegleichung neu. Bei großen Abweichungen zum Schätzwert wird der Vorgang wiederholt, bis der Wert t_2 konvergiert ist. Die ausgefallene (ausgetaute) Wassermenge ist dann:

$$\Delta x = x - x_{\text{S}}(t_2)$$

Beim Ablesen der Werte in einem maßstäblichen h-x-Diagramm gibt es naturgemäß keine Notwendigkeit einer Iteration.

Adiabate Mischung zweier feuchter Luftströme oder Luftmengen

Auch diese Zustandsänderung ist isobar. Zwei Ströme 1 und 2 gehen in den Mischer hinein, einer, Strom 3, kommt heraus. Daher gilt:

$$\dot{m}_{\text{trL},3} = \dot{m}_{\text{trL},1} + \dot{m}_{\text{trL},2}$$

$$\dot{m}_{trL,3} x_3 = \dot{m}_{trL,1} x_1 + \dot{m}_{trL,2} x_2$$

$$x_3 = \frac{\dot{m}_{trL,1}}{\dot{m}_{trL,3}} x_1 + \frac{\dot{m}_{trL,2}}{\dot{m}_{trL,3}} x_2$$

$$\dot{H}_3 = \dot{H}_1 + \dot{H}_2$$

$$h_3 = \frac{\dot{m}_{trL,1}}{\dot{m}_{trL,3}} h_1 + \frac{\dot{m}_{trL,2}}{\dot{m}_{trL,3}} h_2$$

Bezeichnet man mit

$$l_i = \frac{\dot{m}_{trL,i}}{\dot{m}_{trL,3}}$$

den Anteil des trockenen Luftstromes i am Gesamtluftstrom der trockenen Luft, ist der Mischzustand im h-x-Diagramm durch folgende Gleichungen gegeben:

$$x_3 = l_1 x_1 + l_2 x_2$$

$$h_3 = l_1 h_1 + l_2 h_2$$

Beide Gleichungen haben dieselbe Form und sind linear, daher liegt der Mischpunkt im h-x-Diagramm auf der Verbindungslinie zwischen Punkt 1 und 2, die im Verhältnis l_1 zu l_2 geteilt wird (Abb. 11.4). l_1 wird am Punkt 2 angesetzt, l_2 am Punkt 1, der Abstand der Punkte 1 und 2 ist dann 1.

Die Mischung zweier ungesättigter Ströme 1' und 2' kann auch ins Nebelgebiet führen, wie Abbildung 11.4 zeigt. Dieser Fall tritt offensichtlich dann auf, wenn die beiden Ströme (oder wenigstens einer) eine sehr hohe relative Luftfeuchtigkeit nahe 100% aufweisen und große Temperaturunterschiede vorliegen. Genau dies liegt vor, wenn man in kalter Luft ausatmet und der Atem kondensiert oder wenn man nach dem Duschen im Winter das Badezimmerfenster öffnet und die einströmende kalte und trockene Luft sich mit der warmen und feuchten Luft vermischt und dabei vernebelt.

Adiabate Verdunstung

Ein Verdunstungsvorgang ist wie ein Mischvorgang aus einem feuchten Luftstrom mit einem flüssigen Wasserstrom zu rechnen. Nachdem der Vorgang nach außen adiabat ist und für die Verdunstung (Verdampfung) des flüssigen Wassers die Verdampfungswärme r_0 benötigt wird, sinkt die Temperatur des Gemisches unter die Ausgangstemperatur. Dabei wird dann maximal eine relative Feuchte von 100% erreicht, darüber hinausgehendes flüssiges Wasser verdunstet nicht mehr. Der trockene Luftstrom wird nicht geändert:

$$\dot{m}_{trL} = \text{konst.}$$

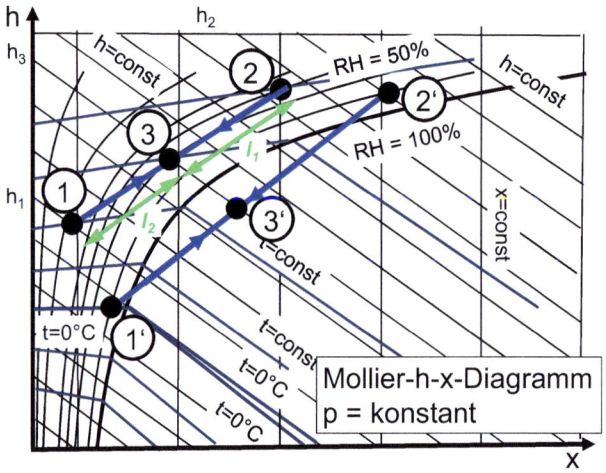

Abbildung 11.4 Mollier-h-x-Diagramm: Abkühlung bis unter den Taupunkt.

Die Wassermenge $\dot{m}_W$ kommt dazu, aber höchstens bis zur Sättigungsgrenze bei der tiefsten Endtemperatur der Verdunstung (Kühlgrenztemperatur):

$$\dot{m}_{trL} x_2 = \dot{m}_{trL} x_1 + \dot{m}_W$$

$$x_2 = x_1 + \frac{\dot{m}_W}{\dot{m}_{trL}} = x_1 + \Delta x$$

Die Gesamtenthalpie bleibt erhalten:

$$\dot{H}_2 = \dot{H}_1 + \dot{H}_W$$

$$h_2 = h_1 + \Delta x h_W$$

Auch hier ändern sich Enthalpie und Wassergehalt nach der gleichen linearen Beziehung, d.h. ein Verdunstungsvorgang ist eine gerade Linie im h-x-Diagramm. Die Steigung der Zustandsänderungslinie ist:

$$\frac{dh}{dx} = \frac{\Delta h}{\Delta x} = \frac{h_2 - h_1}{\Delta x} = h_W$$

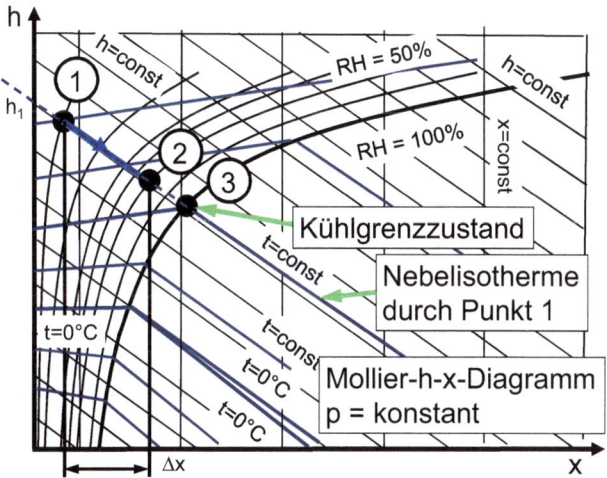

Abbildung 11.5 Mollier-h-x-Diagramm: Verdunstung.

Die Steigung einer Isothermen im Nebelgebiet war:

$$h_{\text{fL}} = c_{\text{pL}}t + x_{\text{S}}(r_0 + c_{\text{pD}}t) + (x - x_{\text{S}})c_{\text{pW}}t$$

x_{S} ist dort konstant, so dass:

$$\frac{\partial h_{\text{fL}}}{\partial x} = c_{\text{pW}}t = h_{\text{W}}$$

Die Steigung der Isothermen im Nebelgebiet gibt also die Richtung des Verdunstungsvorganges im h-x-Diagramm vor (Abb. 11.5). Die Konstruktion ist daher einfach:

Ausgehend vom Punkt 1 suche man die Nebelisotherme, deren Verlängerung genau durch den Ausgangspunkt 1 geht. Die Nebelisotherme gibt den Kühlgrenzzustand (Punkt 3) an. Wird dieser nicht erreicht (wenn also nur wenig Wasser vollständig verdunstet), dann befindet sich der Enzustand (Punkt 2) auf der Verbindungslinie zwischen dem Ausgangspunkt 1 und dem Kühlgrenzzustand. Wo er sich dort befindet, hängt vom Ausgangszustand 1 und von der Wassermenge Δx ab.

Bei der Berechnung mit den Gleichungen bestimmt man zunächst den Kühlgrenzzustand 3:

$$h_3 = c_{\text{pL}}t_3 + x_{\text{S}}(t_3)(r_0 + c_{\text{pD}}t_3)$$

$$h_3 = h_1 + \Delta x_{max} h_W = h_1 + (x_S(t_3) - x_1) h_W$$

$$h_3 = c_{pL} t_1 + x_1(r_0 + c_{pD} t_1) + (x_S(t_3) - x_1) c_{pW} t_1$$

$$c_{pL}(t_1 - t_3) = x_S(t_3)(r_0 + c_{pD} t_3 - c_{pW} t_1) - x_1(r_0 - c_{pW} t_1 + c_{pD} t_1)$$

$$c_{pL}(t_1 - t_3) = (x_S(t_3) - x_1)(r_0 - c_{pW} t_1) + x_S(t_3) c_{pD} t_3 - x_1 c_{pD} t_1$$

Auch hier ist der Sättigungszustand abhängig von t_3, so dass wir ihn und t_3 zunächst schätzen müssen, um ihn mit dieser Gleichung $(t_1 - t_3)$ neu zu bestimmen. Gegebenenfalls muss mehrfach iteriert werden.

Eindüsen von Wasser oder Dampf mit anderer Temperatur als der Ausgangszustand der feuchten Luft

Auch dieser Fall wird wie ein Mischvorgang aus einem feuchten Luftstrom mit einem flüssigen oder dampfförmigen Strom zu rechnen. Er ist ebenfalls nach außen adiabat, je nach Enthalpie des Wassers oder Dampfes sinkt oder steigt die Temperatur des Gemisches unter oder über die Ausgangstemperatur. Dabei kann auch das Nebelgebiet erreicht werden, Dampf kann kondensieren oder Wasser verdampfen. Der trockene Luftstrom wird erneut nicht geändert:

$$\dot{m}_{trL} = \text{konst.}$$

Die Wasser- oder Dampfmenge $\dot{m}_{WD}$ kommt dazu:

$$\dot{m}_{trL} x_2 = \dot{m}_{trL} x_1 + \dot{m}_{WD}$$

$$x_2 = x_1 + \frac{\dot{m}_{WD}}{\dot{m}_{trL}} = x_1 + \Delta x$$

Die Gesamtenthalpie bleibt erhalten:

$$\dot{H}_2 = \dot{H}_1 + \dot{H}_{WD}$$

$$h_2 = h_1 + \Delta x h_{WD}$$

Erneut ist die Zustandsänderungslinie eine Gerade mit der Steigung:

$$\frac{dh}{dx} = \frac{\Delta h}{\Delta x} = \frac{h_2 - h_1}{\Delta x} = h_{WD}$$

Im Unterschied zur Verdunstung kann bei der Wasser- oder Dampfeindüsung die Steigung letztlich beliebige Werte annehmen, denn bei Wasser ist:

$$h_{WD} = c_{pW} t_W$$

Bei Dampf ist:

$$h_{WD} = r_0 + c_{pD} t_D$$

Bei der Dampfeindüsung ist die Steigung deutlich größer, denn die Enthalpie flüssigen Wassers kann bei 1 bar höchstens $h_{WD} = c_{pW} t_W = 410$ kJ/kg sein, während trocken gesättigter Dampf mindestens die Enthalpie $h_{WD} = r_0 = 2500$ kJ/kg besitzt. Alles zwischen diesen Werten ist Nassdampf. Überhitzter Dampf kann natürlich auch noch höhere Enthalpien besitzen.

Zur Konstuktion im h-x-Diagramm ist dort ein Randmaßstab angegeben, auf dem die Enthalpie des eingedüsten Wassers, Dampfes oder Nassdampfes h_{WD} eingetragen ist und der zusammen mit dem Pol-Punkt die Steigung der Zustandsänderung angibt (Abb. 11.6). Die Gerade dieser Steigung muss dann parallel durch den Ausgangspunkt 1 verschoben werden, der berechnete Wert Δx ergibt dann den Endpunkt 2. Trocken gesättigter Dampf hat dabei eine Enthalpie $h_{WD} \approx 2500$ kJ/kg, dieser Fall ergibt wegen der Definition der Neigung der h-Achse genau eine horizontale Zustandsänderung.

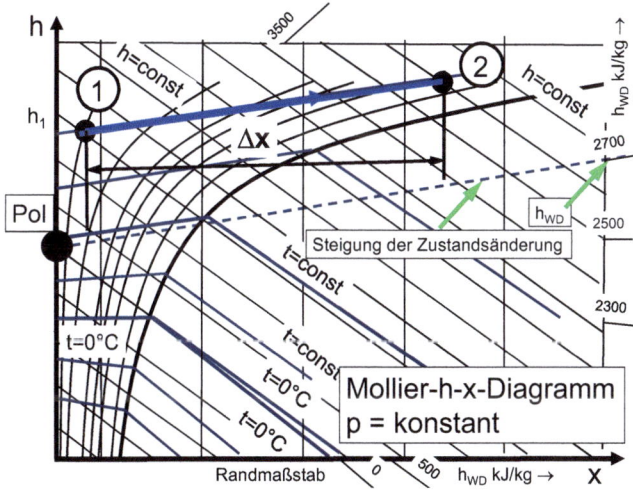

Abbildung 11.6 Mollier-h-x-Diagramm: Wasser- oder Dampfeindüsung.

In Abbildung 11.6 ist die Zustandsänderung bei der Dampfeindüsung von leicht überhitztem Dampf mit einer Enthalpie von $h_{WD} = 2700$ kJ/kg eingetragen. Die Steigung wird aus der Verbindung des Pols mit dem Wert 2700 kJ/kg auf dem

Randmaßstab grafisch ermittelt, die Parallelverschiebung durch den Punkt 1 ergibt die Richtung der Zustandsänderung. Jetzt muss nur noch

$$\Delta x = \frac{\dot{m}_{\text{WD}}}{\dot{m}_{\text{trL}}}$$

bestimmt werden, um den Endpunkt 2 der Zustandsänderung zu ermitteln. Bei der rechnerischen Ermittlung wäre lediglich h_2 zu errechnen:

$$h_2 = h_1 + \Delta x \cdot 2700 \text{ kJ/kg}$$

Eine Iteration wie bei der Verdunstung ist bei Dampf- oder Wassereindüsung nicht erforderlich.

Liste der Symbole

Symbol	Maßeinheit	Bedeutung
A	m²	Fläche
ΔE_t	J/kg	Chemische Reaktionsenergie bei der Temperatur t
F	N	Kraft
H	J	Enthalpie
$H_{u,t}$	J/kg	Heizwert bei der Kalorimetertemperatur t
M	kg/kmol	Molmasse
P	W	Leistung
Q	J	Wärme
$\dot{Q}$	W	Wärmestrom
R	J/kgK	Gaskonstante
RH	%	Relative Feuchte, relative Luftfeuchtigkeit
S	J/K	Entropie
T	K	Absolute thermodynamische Temperatur
U	J	Innere Energie
V	m³	Volumen
W	J	Arbeit
c	m/s	Strömungsgeschwindigkeit von Fluiden
c_p, c_v	J/kgK	Spez. Wärmekapazität bei konstantem Druck bzw. Volumen
g	m/s²	Erdbeschleunigung
g_i		Massenanteil (Gewichtsanteil)
h	J/kg	Spez. Enthalpie
m	kg	Masse
n	kmol	Stoffmenge
p	Pa, bar	Druck
q	J/kg	Spez. Wärmemenge
r_i		Molanteil (Raumanteil)
s	J/kgK	Spez. Entropie (kontextbez.: Wandkoordinate)
t	s	Zeit
t	K	Kontextbezogen: Celsiustemperatur: T - 273,15 K = t°C
u	J/kg	Spez. innere Energie
v	m³/kg	Spez. Volumen
w	J/kg	Spez. Arbeit
x	m	Dampfgehalt, Wassergehalt, absolute Feuchte
z	m	Kartesische Koordinate, Höhenlage der potentiellen Energie
ε		Leistungsziffer, Leistungszahl, Arbeitszahl
κ		Isentropenexponent (Adiabatenexponent)
η, η_{th}		Wirkungsgrad, Thermischer Wirkungsgrad
ρ	kg/m³	Dichte

Literaturverzeichnis

[Baehr und Kabelac, 2012] H. D. Baehr, St. Kabelac: Thermodynamik, 15. Auflage, Springer Vieweg, Berlin, Heidelberg (2012)

[Baehr und Stephan, 2010] H. D. Baehr, K. Stephan: Wärme- und Stoffübertragung, 7. Auflage, Springer-Verlag, Berlin, Heidelberg (2010)

[Braun, 2014] J. Braun: Technische Strömungsmechanik, 1. Auflage, BoD-Verlag, Norderstedt (2014)

[Langeheinecke (Hrsg.), 2006] K. Langeheinecke (Hrsg.): Thermodynamik für Ingenieure, 6. Auflage, Vieweg-Verlag, Wiesbaden (2006)

[Matthies (Hrsg.), 2008] M. Matthies (Hrsg.): Neue Umweltproblemstoffe (Emerging Pollutants), Beitrag Nr. 49, Beiträge des Instituts für Umweltsystemforschung der Universität Osnabrück, S. 95ff, ISSN-Nr. 1433-3805, Osnabrück (Oktober 2008)

[Schmidt (Hrsg.), Grigull (Hrsg.) 1979] E. Schmidt (Hrsg.), U. Grigull (Hrsg.): Properties of Water and Steam in SI-Units: Mollier h,s Diagram (kJ, bar), Poster, (1979)

[Skolaut (Hrsg.), 2014] W. Skolaut (Hrsg.): Maschinenbau, 1. Auflage, Springer Vieweg, Berlin, Heidelberg, Wiesbaden (2014)

[VDI-GVC (Hrsg.), 2013] VDI-GVC (Hrsg.): VDI-Wärmeatlas, 11. Auflage, Springer Vieweg, Berlin, Heidelberg (2013)

Bildnachweis

Alle Fotos und Zeichnungen: © J. Braun

Index

Arbeit, technische, 8, 58, 59, 92, 93, 114–116, 126, 127, 138
Arbeitszahl, 88, 89

Dichte, 9, 20, 35, 44, 57, 61, 67, 104, 105, 118
Druck, 9, 15, 20, 36–38, 44, 57, 61, 66, 70, 71, 73, 77, 79, 106, 108–112, 114, 133, 136, 137

Einschubarbeit, 31
Enthalpie, 7, 9, 19, 20, 25, 32, 33, 37–39, 66, 70–72, 85, 92, 110–112, 121, 122, 127, 128, 131–134, 136–138, 142, 144, 145
Entropie, 7, 9, 10, 20, 42, 43, 47–49, 51, 53, 54, 58, 64, 71–73, 79, 97, 110, 111, 114, 121, 132, 133
Extensive Zustandsgröße, 19, 20, 42, 47, 110

FCKW, 118, 119
FKW, 118, 119

Gasgemisch, 74–78, 80, 81
Geschlossenes System, 22, 24–26, 29, 30, 39

Heizwert, 23, 26–29, 33–36
HFKW, 118–120

Innere Energie, 7–9, 19–21, 23, 25–30, 32, 37, 39, 44, 50, 64, 65, 71, 72, 79, 80, 87, 92, 93, 110–112, 132, 133
Intensive Zustandsgröße, 20, 109
Irreversibel, 41, 47, 49, 51, 54, 58, 79, 114
Isenthalp, 60, 66, 67, 79, 137
Isentrop, 53, 54, 57, 64, 66, 67, 69, 83, 85, 86, 89, 92–98, 100, 112, 114, 123, 124, 126
Isentropenexponent, 65, 74, 80
Isobar, 34, 35, 57–59, 61, 62, 80, 96–98, 106, 112, 113, 137, 138, 140
Isochor, 41, 57, 60, 104, 105, 111, 133
Isotherm, 39, 40, 55–57, 60, 62, 63, 66, 67, 69, 79, 80, 83, 89, 94, 106, 112, 113, 121, 133, 136, 137, 143

Kältemittel, 12, 117, 119, 120, 123, 124
Kühlschrank, 120, 127
Kalorimeter, 26, 27, 33–35

Leistungsziffer, -zahl, 88–91, 120, 121, 125–127

Nassdampf, 106, 108, 109, 112–114, 121, 145

Offenes System, 29, 30, 32, 35
Ozonschicht, 118

Perfektes Gas, 38, 39

Polytrop, 67–69
Postulat, 7, 13, 44

R134a, 118, 120, 123, 124
Reaktion (chemische), 8, 23, 25–27, 32–34, 77
Reaktionsenergie, -wärme, 8, 25, 26, 28, 29, 32, 33, 35
Reibungsarbeit, 43, 47, 50, 58, 92, 94, 97
Reversibel, 41, 49, 50, 53, 55–57, 94

System, 10, 13, 18–25, 27, 29–32, 39, 40, 42, 43, 45–49, 53, 54, 58, 72, 80, 87, 92

Temperatur, 13–18, 20, 25, 26, 28, 33, 34, 37–39, 42–45, 47, 51, 52, 55–57, 61–63, 66, 70–74, 77, 89, 91, 94, 106, 108–110, 112, 117, 118, 121, 130, 132, 134, 135, 137–139, 141, 144
Treibhauseffekt, 119

Volumen (spezifisches), 9, 20, 71, 73, 79, 94, 110–112, 118, 120, 132, 133, 139
Volumenänderungsarbeit, 40, 41, 48, 58, 61, 63–65, 69, 94, 111, 138

Wirkungsgrad, 8, 68, 87, 88, 92, 93, 95–100, 102, 105, 106, 112, 114, 115, 117, 123, 124, 126
Wirkungsgrad, isentroper, 68, 92, 93, 123, 124, 126
Wirkungsgrad, thermischer, 87, 95–99, 102, 114, 117

Zustandsänderung, 49, 53–62, 64, 66–69, 79, 82, 83, 87, 92, 94, 96, 97, 106, 111, 112, 121, 122, 129, 136–138, 140, 145, 146
Zustandsgleichung, 7, 36–39, 61–64
Zustandsgröße, 19, 20, 36